U0247112

ARTIFICIAL YOU
人工的你：

AI and the Future of Your Mind
人工智能与心智的未来

Susan Schneider
[美] 苏珊·施耐德 著
方弦 译

CTS K 湖南科学技术出版社

目录

引言

现在是2045年。今天你出去逛街，第一站就是心智设计中心。你走了进去，面前矗立着一份巨大的项目列表，列出了各种名字浮夸的大脑增强项目。“蜂巢意识”是能让你体验所爱之人最私密感受的大脑芯片，“禅意庭院”这款芯片能让你达到禅宗大师水平的冥想状态，而“人脑计算机”则能给你带来专家水平的数学能力。如果要选择，你会选什么呢？增强注意力？还是莫扎特水平的音乐才华？你可以逐一订购这些增强项目，或者批量打包也可以。

接下来，你到了仿生人商店，也是时候买台机器人来管理家务了。可供选择的人工智能列表极其庞杂，有些人工智能拥有我们人类缺少的一些感官和高度灵敏的感知能力，另一些则包含囊括整个互联网内容的数据库。你仔细挑选着适合自家的选项，今天一整天都用来选择心智设计了。

本书的主题是心智的未来，关于我们对自身、人类心智以及本性的理解会如何彻底地改变未来，无论这种改变是好是坏。我们大脑在特定环境中演化，同时受解剖结构与演化路径所束缚。但人工智能开启了一片浩瀚的设计空间，提供了新材料和新的运转方式，还有探索设计空间的全新方式，速度远超生物演化。我将这一振奋人心的全新事业称为**心智设计**（mind design）。心智设计属于某种形式的智能设计①，但设计者是我们人类，而不是上帝。

我认为心智设计的前景会令我自惭不已，因为坦白地说，我们进化得也不怎么样。正如卡尔·萨根（Carl Sagan）的电影《超时空接触》（*Contact*）中外星人第一次遇到人类时说的那样："你们是个有趣的物种，有趣的混合体。你们有着如此美丽的梦想，又做得出如此可怖的噩梦。"[1] 我们曾在月球上行走，又能降伏原子中的能量，但种族主义、贪婪和暴力仍然普遍。我们的社会发展落后于技术进步。

反过来说，当我作为一名哲学家告诉你，我们对心智的本性仍然一头雾水时，这可能并不那么令人担忧。但对某些哲学话题的缺乏理解也会让我们付出代价。当你沿着本书的两条主线思考时，就会明白这一点。

第一条主线可能对你来说相当熟悉，那就是你的意识本身，它贯穿了你的人生。当你阅读这些文字时，你会有自己存在的实感。你有来自身体的感觉，能看见书页上的文字，等等。意识就是你对

① 译者注：智能设计（intelligent design）是一种伪科学，认为生物中的某些特征过于复杂，不可能由自然演化而来，所以必定存在某种"智能"设计了这些特征。但该理论的支持者提出的具体证据都被主流科学界指出有误。尽管该理论并不明说设计生物的"智能"是什么，但它的支持者大部分笃信基督教，认为这个"智能"就是基督教中的上帝。此处作者的意思只是说明心智设计背后有设计者，而不是自然的过程。

心理活动的这种感受性。没有意识的话，就不会有苦痛，不会有乐趣，不会有炽烈的好奇，也不会有深切的悲痛。体验，无论是好是坏，都不会存在。

正是作为有意识的存在，你才会盼望假期，盼望林间远足，盼望丰盛大餐。正因意识如此真切而熟悉，你对意识的理解自然主要来自切身体验，毕竟也不需要神经科学的教科书，你就能从内部理解意识存在的感受。本质上，意识就是这种内部感受。我认为这一内核，也就是你的意识体验，正是拥有心智的典型特性。

2

接下来有些坏消息。本书的第二条主线就是，如果我们没有全盘考虑人工智能在哲学上的所有推论，就有可能导致有意识的存在无法繁荣发展。如果我们不加小心，就可能遇上人工智能技术的违意实现（perverse realization）——在这种情况下，人工智能非但不会让生活更轻松，而且会导致我们自身的苦难甚至消灭，又或者是对其他有意识存在的剥削。

许多人已经讨论过人工智能对人类发展的威胁，从黑客强行关闭电力网络，到类似电影《终结者》（*The Terminator*）中的超级智能自主武器。相比之下，我提出的问题没有受到那么多的关注，但它们的重要性毫不逊色。我心中的违意实现往往能归于下面两类：一是某些被忽视的场景可能会创造带有意识的机器，二是关于对大脑进行根本性增强的场景，比如假想的心智设计中心的那些大脑增强项目。我们现在来逐一考虑这两类场景。

带有意识的机器?

假设我们创造了精巧的通用人工智能，它们能够在不同种类的智力任务之间切换自如，而推理能力更能与人类匹敌。我们是否实质上创造了**带有意识**的机器——拥有自我和体验的机器?

对于能否或者如何在机器中创造意识，我们一无所知。但有一点是肯定的：人工智能是否能够拥有体验，这个问题将会是我们衡量它们存在价值的关键。意识是我们道德系统的哲学基石，当我们判断某一个体到底是拥有自我的人还是单纯的自动机器时，意识处于中心地位。如果人工智能拥有意识的话，强迫它为我们服务就像是在奴役它。毕竟，如果仿生人商店价目表上的项目都是有意识的个体，而且这些个体的心智能力足以匹敌甚至超越未经增强的人类的话，那么你在选购时良心真的过得去吗?

3

如果我是谷歌或者 Facebook 的人工智能负责人，我不想因为无意中设计出拥有意识的系统而陷入伦理的泥潭。在开发一个系统之后发现它拥有意识，这可能会导致公司被指控奴役人工智能或者陷入其他公共关系灾难，甚至可能导致人工智能在某些行业中的应用被禁止。

我认为，这些问题可能会促使研究人工智能的公司采用**意识工程**（consciousness engineering）——为了在制造某些特定用途的人工智能时避免引入意识，又或者为了在其他合适的情况下设计拥有意识的人工智能，而在工程上有意作出的努力。当然，这假定了意识是某种可以在系统设计中随意添加或者去除的东西。有可能意识是构建智能系统时不可避免的副产品，也有可能意识根本不可能被构建。

长远来说，人类也许不再能够掌控局面，问题可能不是我们会对人工智能造成什么伤害，而是人工智能会对我们造成什么伤害。的确，有人认为机械智能也许是地球上智能的演化过程的下一步。在世界上生活着感受着种种体验的你和我，也许只是到达人工智能的中间步骤，演化阶梯上的踏脚石。例如，斯蒂芬·霍金（Stephen Hawking）、尼克·博斯特罗姆（Nick Bostrom）、埃隆·马斯克（Elon Musk）、马克斯·泰格马克（Max Tegmark）、比尔·盖茨（Bill Gates）等等人物提出了所谓的“控制问题”（control problem），也就是人类如何才能控制自己创造出来的，但远比自己聪明的人工智能[2]。假设我们创造出了拥有人类水平智慧的人工智能，那么通过自我提升的算法，再加上高速计算，人工智能也许会迅速发现如何将自身智能提高到远远超越人类水平的方法，从而成为超级智能（superintelligence）——也就是说，能够在所有领域都超越我们的人工智能。因为它是超级智能，所以我们大概无法掌控。从原则上来说，它可能会使我们走向灭绝。这只是机械智能取代有机智能的一种方式，人类也有可能通过越来越深入的大脑增强而与人工智能融合。

4

控制问题已经被世界媒体广泛报道，推波助澜的是博斯特罗姆的著作《超级智能：路线图、危险性与应对策略》（*Superintelligence: Paths, Dangers and Strategies*）[3]。但它忽视了一点，就是在人工智能对我们人类的价值衡量中，意识可能占据了核心地位。超级人工智能利用自身的主观经验作为跳板，能够认识到我们拥有意识体验的能力。毕竟在我们衡量其他动物生命的价值时，更倾向于珍视那些我们觉得在意识层面上跟我们更相像的生命。因此，绝大部分人对于杀死黑猩猩避之不及，但对于吃橙子却不然。如果机械超级智能没有意识，无论是因为机器不可能有意识，还是因为它们的设计中不包含意识，我们都会身处困境。

将这些问题放在宇宙层面的更广阔场景中考虑是非常重要的。我在美国国家航空航天局（NASA）一个为期两年的项目中提出，类似的现象可能也会在其他星球上出现，在宇宙的其他地方，那里的物种也可能被机械智能取代。当我们搜寻其他地方的生命时必须记住，最强大的外星智能可能是**后生物的**（postbiological），也就是从生物构建的文明中演进而来的人工智能。这些人工智能如果没有意识的话，那么当它们取代生物智能时，宇宙就失去了这些被取代的有意识个体组成的种群了。

如果人工智能的意识问题正如我所说的那么重要的话，我们最好厘清有意识的人工智能是否可能被建造出来，还有我们人类应否建造这样的人工智能。在接下来的章节中，我会探索各种不同的方法来确认机械意识是否存在，概述我在美国普林斯顿高等研究院研究得出的一些测试。

5

现在我们来考虑人类与人工智能融合的这个提议。假设你身处心智设计中心，你会从列表中选择哪些大脑增强项目呢？还是会什么都不选？你可能已经意识到，心智设计的选择并非易事。

你能与人工智能融合吗?

如果你觉得利用微型芯片对大脑进行增强的这个想法令人坐立不安的话，我不会觉得惊讶，因为我跟你一样。就在我写下这篇引言时，我的智能手机上的应用大概正在跟踪我的位置，收集我的声音，记录我的网络搜索内容，并将这些信息出售给广告商。我觉得自己应该已经关闭了这些功能，但我无法确定这一点，因为编写这些应用的公司将关闭跟踪的流程设置得非常曲折晦涩。如果编写人工智能的公司连在当下都无法尊重我们的隐私，那么当你内心深处的想法被提取并转换到芯片上，甚至可以在互联网某处访问到的时候，这些数据又会遭到何种滥用呢？

但先假设关于人工智能的监管有所进步，如果我们可以保护自己的大脑免受黑客和贪婪公司的侵害，那么眼看着周围的人获益于大脑增强技术，你大概也会感受到它的吸引力。毕竟，如果与人工智能融合可以让你获得超级智能，从根本上延长寿命，那么它岂不是远远好于另外一种选择，也就是大脑和身体无法避免的衰退？

6

人类应该与人工智能融合的这个想法在今天相当流行，既作为避免人类在职场上被人工智能取代的手段，也作为通向超级智能与永生的途径。例如马斯克最近就评论道，人类“通过某种生物智能与机械智能的融合”就能避免被人工智能取代[4]。为此，他成立了一家名为 Neuralink 的新公司，它的初始目标之一就是开发所谓的“神经织网”（neural lace），也就是一种可以通过注射植入的网状材料，用以直接连接大脑与计算机。人们认为神经织网与其他基于人工智能的大脑增强项目能将大脑中的数据无线传输到个人电子设备，甚至传输到拥有庞大计算能力的云端。

但马斯克的动机也许并非大公无私。他正在推动一系列利用人工智能增强大脑的产品，而这些产品希望解决的正是人工智能这个领域本身制造出来的问题。也许最后我们会发现这些大脑增强项目确实有好处，但要知道答案，我们需要摆脱目前的狂热。从决策者到公众，甚至连人工智能研究者自身，都应该更充分地理解其中利弊。

例如，假设人工智能无法拥有意识，那么你用芯片代替了大脑中负责意识的那些部分的话，你就不能作为有意识的存在而活下去了。你会变成哲学家所说的“哲学僵尸”，只是你先前自我的一个无意识的模拟品。此外，即使用芯片代替大脑中负责意识的部分不会让你变成哲学僵尸，但激进的大脑增强项目仍然有重大风险。如果你历经过多变化，最后变成的那个人可能不再是你自己。选择大脑增强的人也许会在整个过程中不知不觉地结束掉自己的生命。

在我的印象中，许多支持激进大脑增强的人都没有理解到，你在增强之后可能不再是你。这些人通常倾向于认同“心智相当于软件程序”这种对心智的理解。对他们来说，你可以对大脑的硬件进行根本性的增强，但同时仍然运行相同的程序，所以你的心智仍会存在。正如计算机上的文件可以任意上传下载，你的心智作为一个程序，也可以上传到云端。这就是技术狂热爱好者的永生之路——心智将超越身体而存在，这种存在可谓某种全新的“来世”。虽然这种关于心智的观点作为某种技术形式的永生可能非常吸引人，但我们会看到它其实有着深刻的缺陷。 7

所以说，如果几十年后你走进心智设计中心或者仿生人商店，要记住你购买的人工智能技术有可能因为某种深刻的哲学理由而不管用，购买时要考虑风险。但在我们认真考虑这个可能性之前，你可能会觉得这些问题会永远停留在假设层面，因为我错误地假定了以后会开发出足够精巧的人工智能。为什么我们会认为这些东西会 8 成为现实呢?

第一章

人工智能时代

你也许不会每天都意识到人工智能，但它就藏在你身边每个角落。网络搜索离不开人工智能，它还打败了《危险边缘》(*Jeopardy*!)[①] 和围棋的世界冠军，而它每时每刻都在变得更为强大。但我们还没有建造出通用人工智能——能够仅凭自身进行有意义的对话，整合关于各种话题的想法，甚至可能拥有超越人类的思考能力。《她》(*Her*) 和《机械姬》(*Ex Machina*) 等电影刻画的就是这种人工智能，它给你的印象也许就是科幻。

但我觉得这种人工智能并没有那么遥远。人工智能发展的推动力来自市场需求和军工产业——人们正在将数十亿美元的资金倾注到这一行业，用于制造智能家居助理、超级机器人士兵，还有能够模仿人类大脑运作的超级计算机。比如日本政府因为预期将来会出现劳动力短缺，所以已经开始倡议利用仿生机器人照顾全国的老年人。

目前正在飞速发展的人工智能，在未来数十年也许会达到所谓的通用人工智能。跟人类智能一样，通用人工智能可以将不同领域

① 译者注：《危险边缘》(*Jeopardy*!) 是美国著名的智力竞赛电视节目，参赛选手需要从给定的提示反推出与之相关的问题。

的洞见结合起来，思考灵活而具有常识。实际上，人们预计人工智能在数十年内会取代不少人类职业。例如，根据最近一项调查，论文被引最多的人工智能研究者预计，人工智能有 50% 的可能性在 2050 年前能够在大部分人类职业上至少与一般人旗鼓相当，而在 2070 年前做到这一点的可能性是 90%[1]。

9

我之前提到，许多行业观察者都在预警超级人工智能的出现，这些机械智能可以在每一个领域，甚至包括常识推理与社交技能，都超越最聪明的人类。他们强烈表示超级智能也许会毁灭我们。另一方面，在谷歌就任工程总监的未来学家雷·库兹韦尔（Ray Kurzweil）则描绘了一个技术乌托邦。在那里，衰老、疾病、贫困以及资源紧缺都会被消灭。库兹韦尔甚至探讨了与类似电影《她》中的程序萨曼莎（Samantha）的个性化人工智能系统建立友谊的潜在好处。

技术奇点

库兹韦尔与其他超人类主义者声称我们正在迅速接近所谓的“技术奇点”，在这个时间点之后，人工智能将会远远超过人类智能，它们能够解决我们此前无法解决的问题，会给文明和人性带来无法预测的影响。

奇点这一想法来自数学和物理，尤其受黑洞的概念影响。黑洞是时空中的“特异”物体，通常的物理定律在此处不再适用。而类比到技术上，到达技术奇点时，技术发展将不受控制，给人类文明带来极大的转变。人类数千年以来遵行的规则将会突然崩解，一切都要推倒重来。

另一种可能是技术创新并非如此迅速，不会将我们引向一夜之间翻天覆地的真正技术奇点。但我们不应该为此而忽视更重要的一点，就是我们必须充分理解到，随着二十一世纪逐渐展开，人类可能不久之后就不再是这个星球上最有智慧的存在。这个星球上最强大的智能将会是人工智能。

的确，我认为目前已经有一些证据表明人工智能将会超越我们。即使是现在，作为计算介质的芯片就已经比神经元更快。当我写下这一章时，世界上最快的计算机是位于美国田纳西州橡树岭国家实验室的超级计算机“顶点”（Summit）。“顶点”的运算速度是200 *petaflops*，也就是每秒能完成二十亿亿次运算。“顶点”在眨眼间能完成的计算，即使让地球上所有人合作进行，也需要305天不眠不休才能完成[2]。

当然，速度并非一切。如果衡量的标准不是算术运算，那么你的大脑在计算能力上要远远强于“顶点”。大脑是三十八亿年演化的产物（这是地球上生命存在时间的粗略估计），它的能力全部用在模式识别、快速学习以及其他实际的生存挑战上了。单个神经元的运算可能不快，但它们以大规模并行的形式组合起来之后，仍然令现代人工智能系统望尘莫及。然而，人工智能有着无限的提升空间。也许在不远的将来，通过工程设计，超级计算机可以达到甚至超越人类大脑的智能，然后改进它自己的算法，甚至开发出并非基于大脑运作方式的全新算法。

此外，人工智能可以同时下载到多个地点，能够轻松备份并修改自身，而且能在星际旅行等生物难以适应的环境中生存下去。我们的大脑虽然强大，但被颅骨容量和新陈代谢所限制，而人工智能与之截然相反，能够将触角延伸到整个互联网，甚至建立跨越整个星系的“计算基质”（computronium），也就是一台利用整个星系所有物质进行计算的巨型超级计算机。长远来说，两者根本没有可比性。人工智能会比我们更强大更长寿。

11

《杰森一家》谬误

所有这一切不一定意味着我们人类将会丧失对人工智能的控制，注定面临灭绝，虽然某些人是这样说的。如果我们利用人工智能技术来增强自身智能，也许就能与它并肩前进。要记住，更智能的机器人和超级计算机并不是人工智能的唯一用途。在电影《星球大战》（*Star Wars*）和动画片《杰森一家》（*The Jetsons*）中，人类周围遍布精巧的人工智能，但他们自身却没有增强。历史学家迈克尔·贝丝（Michael Bess）将其称为“《杰森一家》谬误”[3]。在现实中，人工智能不仅会改变世界，而且会改变我们。神经织网、人工海马体、治疗心境障碍的大脑芯片，这些都只是正在开发的心智干预技术的一部分。所以，心智设计中心并非如此遥不可及。恰恰相反，它是目前技术趋势的合理延伸。

现在越来越多的人将人类大脑看作某种像计算机那样可以被入侵改动的事物。单单在美国就有许多开发大脑植入芯片的项目，希望以此治疗精神疾病、行动障碍、中风、痴呆症、自闭症等疾病[4]。今天的医学治疗在明天不可避免会变成大脑增强的手段，毕竟人们渴望变得更聪明更有效率，或者就是希望拥有能更好地享受这个世界的能力。为此，谷歌、Neuralink 与 Kernel 等人工智能公司正在开发各种将人类与机器融合的方法。数十年后，你也许会成为一半人类一半机器的存在。

12

超人类主义

这方面的研究仍在起步阶段，但应该强调的是，它的基本想法在很久以前就以哲学和文化思潮的形式存在了，就是所谓的超人类主义（transhumanism）。这个术语是朱利安·赫胥黎（Julian Huxley）在 1957 年提出的，他写道，在不久的未来，“人类这个物种会踏上通向某种新存在形式的门槛，它与我们的差异有如我们与北京猿人的差异。”[5]

超人类主义的观点是，人类作为一个物种，目前正处于相当早期的发展阶段，而它的演化过程会被发展中的科技所改变。未来的人类无论在身体还是心理方面都会与目前的人类截然不同，会更像是科幻故事中描述的某些角色。未来的人类能接近永生，智力会有根本性的提高，会与人工智能产生深厚友谊，身体特征也可以自行选择。超人类主义者也相信，无论对于个人的成长还是对于我们整个物种的发展来说，这种未来都值得期待。（为了让读者能更深入了解超人类主义，我附上了《超人类主义宣言》作为附录。）

尽管超人类主义看似科幻，但它描述的许多技术进步似乎相当可能发生。的确，这一根本性转变的起始阶段可能已经潜藏在某些已知的技术进展之中，这些进展要么已经实现（但不一定面向大众），要么就被相关科学领域的观察者认为假以时日就能实现[6]。例如，作为超人类主义重镇的英国牛津大学未来人类研究所（Future of Humanity Institute）发表了一份报告，描述了将心智上传到机器需要哪些技术[7]。美国国防高级研究计划局也资助了一个名为Synapse（意即“突触”）的项目，目标是开发一台形态和功能与大脑相似的计算机[8]。库兹韦尔甚至讨论了与类似电影《她》中的个性化人工智能系统建立友谊的潜在好处[9]。许多研究者正在努力尝试将科幻变为现实。

13

我自认为是超人类主义者，你可能会很惊讶，但这是事实。我第一次接触超人类主义时还是美国加利福尼亚大学伯克利分校的本科生，那时我加入了一个名为 Extropians 的早期超人类主义团体。在埋头于我男朋友的科幻小说收藏以及 Extropians 的邮件列表之后，我沉迷于超人类主义在地球上实现技术乌托邦的想象。我仍然希望新兴科技能够从根本上延长我们的寿命，帮助我们解决资源匮乏与疾病的问题，甚至提升我们的精神生活，如果我们愿意进行大脑增强的话。

几句警示

挑战在于如何在完全的不确定性中从现在到达那个未来。今天的任何书籍都不可能准确预测心智设计空间的轮廓，即使我们的科学知识和技术能力越发精进，心智设计背后的哲学迷雾也不一定会因此消散。

一个很好的教训是，有两个重要的原因使得未来不可预见。首先是“已知的未知”，比如说，我们不能确定量子计算什么时候能被广泛应用，也不知道某些人工智能技术是否会受监管，又会受怎么样的监管，同样不知道现有的人工智能安全措施是否有效。我相信，我们也不知道在本书中讨论的哲学问题有没有简单而无可争议的答案。但还存在着“未知的未知”——未来发生的事件，比如政治形势的变化、技术创新、科技突破，都可能完全出乎我们意料。[14]

在接下来的章节中，我们将会考虑其中一种主要的“已知的未知”，也就是意识体验的谜题。我们会深入理解到对于人类来说这一谜题是如何产生的，然后就是如下的问题：对于跟我们在智力上拥有巨大差距，甚至可能基于不同载体的存在，我们如何能够判断它们是否有意识？意识到这一问题的深度，就是个很好的起点。[15]

第二章

人工智能的意识问题

作为有意识的存在会有什么感受？在你醒着的每个瞬间，又或者在梦境中，你会感觉到自己存在。当你欣赏最爱的音乐，或者细嗅早餐咖啡的香气时，你就在经历意识体验。目前的人工智能虽不能说具有意识，但随着它们越来越精巧，有没有可能它们也会感觉到自己存在？人工智能能否拥有感官体验，又能否感受到各种情感，例如炽烈的好奇或者刻骨的悲痛，又或者能否拥有与我们完全不同的体验？我们将这个问题称为**人工智能的意识问题**。无论未来人工智能发展有多惊人，如果机器无法拥有意识，即使它们能展现超群的智能，但却会缺少内在的精神世界。

对于生物而言，智能与意识似乎并肩同行。精巧的生物智能倾向于拥有复杂细腻的内在体验。但这一相关性对于非生物智能是否同样成立？许多人都这样认为，例如库兹韦尔等超人类主义者就倾向于认为，没有进行大脑增强的人类意识与超级人工智能的精神体验相比简直不值一提，正如人类意识就比老鼠丰富得多[1]。但我们之后会看到，这一思路并不完善。也许像《西部世界》（*Westworld*）中的多洛雷丝（Dolores）和《银翼杀手》（*Blade Runner*）中的雷切尔（Rachael）这样在机器之心中存有意识火花的特殊仿生人并不存在。即使人工智能在智力上超越了人类，我们也许仍然能在关键

的维度上领先：我们能感受到自己的存在。 16

我们先来简单看看意识多么令人费解，即使只考虑人类意识。

人工智能的意识， 以及困难问题

哲学家戴维·查默斯（David Chalmers）提出了“意识的困难问题”：为什么大脑中所有这些信息处理会在大脑内部产生某种感受？为什么我们需要拥有意识体验？查默斯强调，这个问题似乎并不能纯粹用科学解答。比如说，我们即使发展出一套关于视觉的完整理论，理解大脑视觉处理的所有细节，也似乎无法理解为什么视觉系统的这些信息处理会带来主观体验。查默斯将困难问题与他所说的“简单问题”进行了对比，“简单问题”是总有一天可以用科学回答的那些关于意识的问题，例如注意力背后的机制，还有我们如何进行分类，又如何对刺激进行反应[2]。当然，这些科学问题本身都非常困难，而查默斯将它们称为“简单问题”是为了与意识的“困难问题”形成对比，他认为困难问题不能用科学解决。

我们现在面对的是另一个与意识相关的棘手难题，也可以说是机器意识的“困难问题”： 17

人工智能的意识问题：人工智能的运转会不会在内部产生某种感受？

精巧的人工智能可以解决一些连最聪明的人类都束手无策的问题，但它的信息处理过程有没有某种能够被感受的特性？

人工智能的意识问题并非只是查默斯的困难问题在人工智能上的变体。实际上，这两个问题之间有一个关键的区别。查默斯的困难问题假定了我们具有意识，毕竟我们每个人内省一下就会发现自己拥有意识。问题在于**为什么**我们拥有意识。为什么大脑的某些信息处理过程会在内部产生某种感受？与之相反，人工智能的意识问题问的是，处于另一种载体上的人工智能，比如硅基人工智能，它们是否能够拥有意识。这个问题并没有提前假定人工智能拥有意识，毕竟这就是问题本身。这两个问题并不一样，但拥有一个共同点：也许它们都是单凭科学无法解决的问题[3]。

有关人工智能意识问题的讨论通常被两种针锋相对的立场所占据。第一种立场被称为**生物自然主义**（biological naturalism），它断言即使是最为精细的人工智能也不会拥有内在体验[4]。只有生物个体才能拥有意识，所以即使是最复杂的仿生人和超级智能都不会有意识。第二种立场更有影响力，我把它称为“对于人工智能意识的技术乐观主义”，简称“技术乐观主义”，它全盘否定了生物自然主义的想法。从认知科学的实证工作出发，技术乐观主义极力主张意识彻彻底底属于计算的范畴，所以复杂精妙的系统可以拥有内在体验。

18

生物自然主义

如果生物自然主义者正确的话，那么人与人工智能之间的爱情或者友谊都只能是纯粹的一厢情愿，即使是类似之前提到的电影《她》中的萨曼莎那样的人工智能也是如此。人工智能也许能比人类更聪明，甚至能够像萨曼莎那样表现出同情或爱意，但跟你的笔记本电脑相比，它并不会对世界有更多的体验。此外，不会有多少人希望与萨曼莎在云端相聚，因为将大脑上传到计算机就相当于放弃自己的意识。技术本身也许惊人，你也许可以将记忆准确地复制到云端，但这段数据流不等于你——它没有内在感受。

生物自然主义者认为，意识依赖于生物系统的特殊生化过程，依赖于某种肉体拥有但机器欠缺的性质或者特点。然而，这种性质从未被发现过，而即使它存在，这也不意味着人工智能无法拥有意识。也许会有另一些性质能向机器赋予意识。为了得知人工智能有没有意识，我们必须超脱特定载体的化学性质，转而在人工智能的行为中寻找线索，我在第四章将会详细解释这一点。

还有另一个更为巧妙而难以否定的论证思路。它来自哲学家约翰·瑟尔（John Searle）提出的一个著名思想实验，名为“中文屋”（Chinese Room）。瑟尔让我们想象他自己被锁在一个房间里，房间有一个开口，有人通过这个开口给他递送写着一串串汉字的卡片。虽然瑟尔本人不会中文，但在走进房间之前，他拿到了一本（用英文写的）规则手册，他可以在手册中查找特定的中文，然后抄下另外一串中文作为回答。瑟尔就这样走进房间，接

受写着中文的卡片，根据手册写下一些汉字，然后将卡片放到墙

19 上的另一个开口里[5]。

中文屋里的瑟尔

你可能会问：这跟人工智能有什么关系？我们注意到，对于房间外边的人来说，瑟尔的回应与会说中文的人一模一样。但瑟尔并不理解他写下来的东西是什么意思。他就像一台计算机那样，通过摆弄形式化的符号得出输入内容对应的答复。整个房间，再加上瑟尔和那些卡片，组成了某种信息处理系统，但瑟尔本人连半个汉字都不懂。那么，既然组成房间的这些元素没有一个能理解语言本身，那么它们是如何对数据进行操作，甚至能得到媲美实际理解或者内在体验的结果的？对于瑟尔来说，这个思想实验意味着，无论计算机看上去多么有智慧，它并不能真正思考或者理解，而只是在

20 进行无意识的符号推演。

严格来说，这个思想实验尝试否定的是机器的理解能力，而不是机器中的意识。但瑟尔更进一步提出，如果计算机做不到理解，那么它也不可能拥有意识，尽管瑟尔没有一直强调他考虑的这一点。为了讨论，我们暂时认为瑟尔的说法是正确的，也就是理解与意识有着紧密联系。毕竟当我们理解事物时意识也同时存在，这也不是毫无可能。此外，在理解事物时我们不仅持有意识，更重要的是我们也基本处于某种觉醒和知晓的状态。

所以，瑟尔说中文屋不可能有意识，这对不对？许多批评者瞄准了论证中的关键一步：房间中摆弄符号的那个人不理解中文。对于批评者而言，关键不在于房间里有没有人懂中文，而是这个人加上卡片、手册、房间等**整体作为一个系统**是否理解中文。认为系统作为一个整体真正理解中文并具有意识的观点后来被称为“系统回应”[6]。

对我来说，系统回应在某种意义上正确，但在另一个意义上却是错的。它的正确之处在于，在考虑机器是否拥有意识时，真正的问题在于它作为一个整体是否拥有意识，而不是其中的部件如何。假设你端着一杯氤氲的绿茶，茶里的每个分子都不能说是透明的，但茶本身却是。透明是某些复杂系统的特性。同理，任何单个的神经元，甚至大脑的单个区域，都不会像整个人格或者个体那样能够实现某种复杂的意识。意识是高度复杂系统的特性，而不是像站在中文屋里的瑟尔那样，只是更大系统里的一个微型人[7]。

21

瑟尔推断整个系统不理解中文，因为站在里边的**他**不懂中文。

换句话说，他认为因为系统的一**部分**没有意识，整个系统就没有意识。然而，这个思路有问题。整体拥有理解和意识，但其中一部分则不然的系统早已存在，那就是人脑。小脑拥有占整个人脑百分之八十的神经元，但我们知道它对于意识来说并非必需，因为有人生来没有小脑，但仍然拥有意识。我敢打赌小脑没有什么自我存在的感觉。

尽管如此，我认为系统回应在其中一点上有问题。它承认中文屋是一个有意识的系统，但像中文屋这样极端简化的系统不太可能拥有意识，因为拥有意识的系统要远远更复杂。比如说，人类大脑就拥有一千亿个神经元以及超过百万亿名为突触的神经连接（顺带一提，这个数字是银河系恒星数量的一千倍）。在人类大脑浩瀚的复杂度面前，甚至只是在老鼠大脑的复杂度面前，中文屋就像个小玩意儿。即使意识属于整个系统的性质，但并非所有系统都有这个性质。虽说如此，瑟尔的论证背后的逻辑有问题，因为他没能证明足够精巧的人工智能无法拥有意识。

总的来说，中文屋论证无法支撑生物自然主义。然而，尽管我们仍未找到足够有说服力的论证来**证明**生物自然主义，我们也没有什么一击必杀的论证来**否定**它。我在第三章将会说明，要辨明人造意识是否可能，目前为时尚早。但在说明之前，我们先考虑一下硬币的另一面。

对于机器意识的技术乐观主义

对于机器意识的技术乐观主义（或者简称“技术乐观主义”）这个立场用一句话概括的话，那就是认为如果人类开发出足够先进的通用人工智能，那么它们肯定拥有意识。的确，这些人工智能也许可以体验到比人类更加丰富细腻的精神生活[8]。目前技术乐观主义人气正旺，尤其对于超人类主义者、某些人工智能专家和科技媒体来说。但与生物自然主义一样，我怀疑技术乐观主义目前还缺少足够的理论支持。尽管认知科学中对心智的某种看法似乎给这一观点提供了合理的动机，但实际并非如此。

技术乐观主义的灵感来自认知科学这个研究大脑的多学科交叉领域。认知科学研究者在大脑研究中作出的发现越多，人们就越觉得，从经验出发，最好的路线就是将大脑看作信息处理引擎，而所有精神功能都归于计算。计算主义（computationalism）现在已经成为了认知科学中某种类似研究范式的东西。这并不是说大脑的架构与普通计算机相同，事实并非如此。此外，大脑中具体的计算形式仍然是个有争议性的话题。但在今天，计算主义的影响越来越广泛，人们开始尝试利用算法来描述大脑及其部件。比如说，要描述某项认知或者感知能力，例如注意力或者工作记忆，我们可以将这一能力分解为互为因果作用的不同部分，其中每一部分都可以用对应的算法来描述[9]。

计算主义者侧重于用形式化的算法来解释精神功能，他们也倾向于认同机器能拥有意识，因为他们认为其他种类的载体上也能实

现大脑中进行的那类运算。也就是说，他们倾向于支持思考的**载体**

23 **独立性**（substrate independence）。

我们来解释一下这个术语。假设你正在筹划跨年派对，你知道有各种各样的办法来传达派对邀请的详细信息：面对面交谈、发短信、打电话等。我们能将关于派对时间和地点的实际信息与承载它的载体区分开来。同理，也许意识可以存在于不同的载体之上。至少在原则上，意识也许不仅能在生物大脑上实现，还能在利用基于其他载体（比如硅芯片）的系统上实现。这就叫“载体独立性”。

从这种观点出发，我们可以划定一种立场，我将其称为“意识计算主义”（*Computationalism about Consciousness*，简称 CAC）。它的内容是：

> 意识可以用计算的角度来解释，此外，系统进行计算的具体细节确定了它是否拥有意识体验，以及意识体验的具体类别。

考虑一头宽吻海豚，它正在水中遨游，寻找小鱼果腹。对于计算主义者来说，这头海豚的内部计算状态决定了它意识体验的性质，包括水流掠过身体的感觉，还有猎物鲜美的味道。意识计算主义认为，如果（处于人造大脑内的）另一个系统 S_2 也拥有完全相同的计算构造与状态，包括感觉系统接收的输入的话，那么它就跟海豚在同样的意义上拥有意识。为此，这一系统需要拥有海豚的所

24 有内部心理状态，包括海豚在水中游动时的感觉体验。

这种系统精确模拟了另一个有意识系统的结构形式，我们把这样的系统称为**精确同构体**（precise isomorph），简称同构体[10]。如果某个人工智能拥有海豚所拥有的一切特性，那么意识计算主义预言这个人工智能会拥有意识。确实，这个人工智能将会拥有与原来系统完全相同的一切意识状态。

这听上去不错，但并没有证明对于人工智能意识的技术乐观主义是正确的。对于我们很有可能建造出来的人工智能是否会拥有意识的问题，意识计算主义的论述少得惊人——它只是表明，如果我们能够建造生物大脑的同构体，那么它就会拥有意识。对于并非生物大脑同构体的系统如何，意识计算主义保持着沉默。

总的来说，意识计算主义在原则上认可了机器意识的可能性：**如果**我们能够创造一个精确同构体，那么它就会拥有意识。但即使在原则上某种技术可能被创造出来，这也不意味着它实际上会出现。比如说，你可能会认为能穿越虫洞的宇宙飞船在概念上可行，其中不包含任何矛盾（虽然围绕这一点尚有争论），然而它的实际建造也许会违反物理定律。可能不存在任何方法能够产生足够的特殊能量来稳定虫洞，又或者这样做虽然不违背自然法则，但地球上的人类永远不会拥有为此所需的技术水平。

25

对于机器意识，哲学家会将逻辑或者概念上的可能性与其他类型的可能性区分开来。如果某项事物拥有符合法则的可能性（又称为律则可能性），那么这相当于要求它的建造与自然法则相容。在符合法则的可能性范畴之内，区分某项事物的**技术可能性**又有着进一步的意义。技术可能性是说，除了要求事物拥有符合法则的可能性以外，还要求人类在技术上能够将它作为人造物制造出来。尽管探讨人工智能意识的概念可能性这个更宽泛的话题显然很重要，但我要强调的是，我们以后可能制造出来的人工智能是否可能拥有意识这一点在实践中也非常重要。因此，我特别感兴趣的是机器意识的技术可能性，还有实际的开发项目会不会尝试去建造这样拥有意识的机器。

为了探索这些可能性，我们先来考虑下面这个广为人知的思想实验，其中涉及如何创造同构体。而你作为读者将会是这一实验的参与者。这一创造过程会保留你的所有精神功能，但这仍然属于某种增强，因为它将这些功能转移到了另一种更为耐用的载体。现在就开始吧。

大脑活性恢复疗法

现在是2060年，你的思维仍然敏捷，但你还是决定预先做个治疗，恢复大脑的活性。你的朋友之前一直跟你说可以试试心雕（Mindsculpt）公司，他们会在一个小时内慢慢地将大脑的每个部分换成芯片，最后你得到的就是完全人工的大脑。你坐在等待室，不安地等待着这一手术的问诊咨询，毕竟你也不是每天都在考虑将大脑换成芯片。轮到你见医生了，你问道："手术之后这真的还是我吗？"

26

医生信心十足地向你解释：你的意识来自大脑的**精确功能结**

构，也就是大脑不同构成部分之间相互影响作用的抽象模式。她还说，新的大脑成像技术能够建立你的个性化“心智图谱”，也就是描绘了你的心智如何运转的图谱，它完全确定了你的各种精神状态互相影响的每一种可能性，以及这会如何决定你产生的情绪、你做出的行为、你感知到的事物，如此等等。在描述的过程中，这位医生明显惊叹于这一技术的精确性。最后，她看了看表，做出总结：“所以说，虽然你的大脑会被芯片代替，但心智图谱并不会改变。”

你松了一口气，于是就预约了手术。在手术过程中，医生要求你保持清醒并回答她的问题。然后她开始移除一组组神经元，并用硅基的人造神经元代替它们。她从听觉皮层开始替换神经元，而在这一过程中，她时不时问你觉不觉得对她声音的感受有什么不同。你的答案是没什么不同，于是她接下来处理视觉皮层。你告诉她你的视觉体验似乎没有改变，于是她就继续手术。

不知不觉，手术就完成了。“恭喜你！”她热烈祝贺着你，“你现在就属于一种特殊的人工智能了，你拥有一个从原来生物大脑复制而来的人工大脑。在医疗界我们把你叫做一个‘同构体’。”[11]

这意味着什么？

哲学思想实验的目的是引发想象，是否赞同故事的结尾是你的自由。在这个思想实验中，手术取得了成功，但你是真的跟之前有着完全相同的感受，还是会觉得有些异样？

你的第一反应可能是疑惑，手术结束后的那个人到底是你本人，还是某种复制品。这是个重要的问题，也是第五章的重要主题。现在我们先假设手术结束后的那个人还是你自己，将精力集中到另一个问题：意识的感受会不会改变。

在《有意识的心灵》（*The Conscious Mind*）一书中，哲学家戴维·查默斯讨论了类似的案例，他主张你的个人体验会保持不变，因为其他假设实在过分牵强。[12]其中一种替代假设认为，在神经元被替换的过程中，你的意识会逐渐弱化，就像音乐播放器的音量逐渐被调低。另一个假设则认为，你的意识会维持不变，直到在某个时间点突然中断。这两种情况的结果都一样：意识如灯灭。

我和查默斯都认为这两种情景非常不可能发生。如果承认思想实验的前提，这些人工神经元的确精确复制了所有功能，那么很难想象它们怎么会导致你的意识逐渐暗淡或者突然消失。根据定义，这样的人工神经元作为复制品，与决定你心理活动的神经元有着完全一致的因果属性。[13]

所以，更有可能发生的是，这一过程完成之后创造出来的是一个拥有意识的人工智能。这一思想实验说明了机械意识至少在概念上可行。但我们在第一章已经注意到，像这种思想实验导出的概念上的可能性，并不能保证当我们这个物种创造出精巧的人工智能时，这些人工智能会拥有意识。

还有一个很重要的问题，就是这个思想实验中描绘的情景是不是真的会发生。同构体的建造是否与自然法则相容？即使相容，人类是否终有一天能够拥有足够的技术能力？到时候他们又想不想去建造它？

要谈论这个思想实验在自然法则之内是否可行（或者说律则可能性）这个问题，我们要考虑到目前还不知道其他种类的材料能否再现你心理活动能被感知的性质。但也许不久之后，医生就会开始将基于人工智能的医疗植入物放入大脑中支撑意识体验的区域，到时候我们就会知道了。

担心这种替代并不可能的原因之一，就是意识体验可能依靠大脑的量子力学特性。如果的确如此，那么我们可能永远都不能依靠科学从你的大脑中获得必需的信息，用于构建在量子意义上你的一个真正的复制品，因为量子力学对粒子测量的限制也许并不允许我们从你的大脑中获得用于构建你的真正同构体所需的精确信息。

但为了能继续进行讨论，我们先假定同构体的产生无论在概念上还是在自然法则上都是可行的。那么，人类会制造同构体吗？我很怀疑，因为要让某个生物学上的人类逐步增强大脑，最后成为完整的人工同构体，这需要的技术发展远远超出了少数几个神经假体的范围。同构体的开发需要科学进展到能够利用人工部件替换大脑所有部分的程度。

29

此外，接下来数十年的医学进展很可能并不包括能够完全复制一组神经元计算功能的大脑植入物，而刚才的思想实验要求大脑的所有区域都能用精确的复制品来代替。而且，当技术进展到这个地步，人们更可能倾向于利用这类手术进行大脑增强，而不是仅仅成为此前自我的同构体[14]。

即使人们自我设限，只希望复制而不是增强自己的能力，但神经科学家又如何做到这一点呢？这些研究者需要完全了解大脑如何运作。我们之前已经看到，程序员需要确定所有与系统信息处理有密切关联的抽象特性，而不是依赖于与计算无关的低层次特性。在这里，要判断特性是否相关并非易事。大脑中的激素与计算有关吗？神经胶质细胞呢？此外，即使获得了这类信息，要运行一个精确细致地模拟大脑的程序也需要极为庞大的计算资源——我们数十年后也不一定能拥有的计算资源。

会不会有某种商业上的必要性，必须通过同构体来制造更精巧的人工智能呢？我很怀疑。我们没有理由相信让机器完成一系列任务的最经济有效的方法就是对大脑进行细致的反向工程。比如说，我们考虑目前作为围棋、国际象棋或者《危险边缘》世界冠军的那些人工智能。在每一个案例中，这些人工智能都超越了人类，但它们利用的技巧与人类玩这些游戏时用到的截然不同。

回想一下我们一开始为什么提出同构体可行性的问题。它的答案会告诉我们机器是否可能拥有意识。但对于我们在未来会实际开发的机器是否会有意识这个问题来说，同构体只是一种干扰。远在我们能够建造同构体之前，人工智能就会到达一个非常高的水平。我们需要先回答这个问题，尤其是考虑到我之前提出的关于人工智

能在伦理和安全方面那些担忧的话。 30

所以从本质上来说，技术乐观主义者关于人造意识的那种乐观所依靠的论证思路有问题。这些人对于机器能够拥有意识非常乐观，因为我们知道大脑拥有意识，而我们能够建造它的同构体。但其实我们不知道这是否可行，又或者我们愿不愿意这样做。这是一个需要实践来回答的问题，而我们实际上走这条路径的可能性并不大。此外，它的答案跟我们真正想要知道的东西关系不大，我们想要知道的是其他人工智能系统——那些并非在致力建造大脑同构体的尝试中出现的人工智能——它们是否拥有意识。

强大的自动化系统在进一步演变之后能否拥有意识，又会不会拥有意识，这个问题至关重要。要记住，意识可能会在整体上对机器的伦理行为产生各种不同的影响，这依赖于系统架构中的细节。在某些类型的人工智能系统中，意识可能会使机器的行为更为反复无常，而在别的类型中，意识可能会令人工智能更富有同情心。即使在单一系统中，对于不同的关键系统特征，例如智力、共情能力、目标保真等，意识也可能产生不同的影响。当前研究应当谈及相关的每一种可能的结果。例如，早期的测试和警觉也许能营造某种有益的环境，用以实现“人工实践美德”，也就是人类通过刻意培养的方式让机器学习伦理原则，藉此“养育”拥有道德导向的机器。对于重要的人工智能，我们应该先在受控封闭环境中搜寻它拥有意识的迹象。如果它有意识，那么我们应当研究意识对于这台特定机器的架构有何影响。 31

要回答这些亟待解决的问题，我们先把关于神经元的精确置换这类作为玩具模型的思想实验放到一边，无论它们多么有趣。尽管这些思想实验做出了重大的贡献，帮助我们思考拥有意识的人工智能有没有概念上的可行性，但我已经指出，关于我们最终会不会造出拥有意识的人工智能，以及这些系统具体性质的问题，这些思想实验并没有带来多少教益。

我们会在第三章继续讨论这些问题。在这一章中，我会脱离常规的哲学争辩，采取另一种方式来探索如下的问题：给定自然规律与人类技术能力的预期，我们能否创造带有意识的人工智能？技术乐观主义者认为这是肯定的，而生物自然主义者却是全盘否定。我强烈认为，实际的情况要远远复杂得多。

32

第三章

意识工程

一旦我们令宇宙中的物质和能量充满智能，它就会“醒来”，获得意识，拥有无上的智慧。这是我能想象的最接近上帝的事物。

雷·库兹韦尔

机器意识如果的确存在，也许不会像是R2D2[①]那种能触动我们心弦的机器人，而更可能身处美国麻省理工学院计算机系某幢大楼地下室中平平无奇的一个计算机集群里。又或者它会出现在某个机密的军事项目中，最后被彻底抹消，因为它过于危险，或者就是效率太低。拥有意识的人工智能很可能依赖于我们目前仍无法评估的情况，比如说某些仍未被发明的芯片是否拥有正确的结构配置，又或者人工智能开发者以及一般大众是否希望看到拥有意识的人工智能。它甚至依赖于某些不可预测的事件，比如某位人工智能设计者的一时兴起，就像《西部世界》中安东尼·霍普金斯（Anthony Hopkins）扮演的角色那样[②]。我们面对的不确定性驱使我抱持某种中间立场，与技术乐观主义和生物自然主义都保持距离。我将这个

① 译者注：R2D2是著名电影系列《星球大战》中的机器人角色。
② 译者注：在《西部世界》中，安东尼·霍普金斯扮演了罗伯特·福特博士（Dr. Robert Ford），这个角色是剧中人工智能的设计者之一。

态度简单地称为“静观其变立场”（Wait and See Approach）。 33

一方面，我已经指出，作为生物自然主义常用理论依据的中文屋这一思想实验并不能否定机器意识的存在。另一方面，我也强烈认为技术乐观主义过度解读了大脑作为计算设备的本质，武断地做出了人工智能必将拥有意识的结论。现在正是时候去仔细考虑“静观其变立场”。正如我希望审视现实层面的考虑来判断拥有意识的人工智能与自然法则是否相容——以及如果相容的话，它的制造在技术上是否可行，又或者人们对此有没有足够的兴趣——我讨论的内容也源自人工智能与认知科学研究中的实际场景。支持“静观其变立场”的论证很简单：我会举出几个场景，用以阐述支持或反对在地球上开发有意识机器的种种考虑。从两方面视点得到的教训是，即使意识能够存在于机器中，它们可能只会在某种架构上存在，而非其他架构，也可能需要在工程上有意为之才能得到它们，也就是所谓的“意识工程”。安坐家中并不能解决这些问题，我们必须实际测试机器中有没有意识。为此，第四章提出了一些测试方法。

我考虑的第一个场景与超级人工智能有关。这是一类假想中的人工智能，它的定义就是思考能力在每个领域中都能超越人类的人工智能。我注意到超人类主义者和其他技术乐观主义者通常假定超级人工智能会拥有比人类更丰富的精神活动，但我考虑的第一个场景正好质疑了这一假定，表明了超级人工智能，或者其他高度发达的通用智能，也许能够弃除意识。 34

弃除意识

回想一下，当你刚学会开车时，需要将注意力集中在每一个细节，包括车道标线、仪表位置、如何踩踏板等，这时你意识非常集中。与此相反，当你已经成为经验丰富的司机之后，你可能有过沿着熟悉的路线驾驶却丝毫没有察觉驾驶细节的经历，但你的驾驶没出问题。正如孩子学走路需要小心翼翼聚精会神，驾驶一开始也需要极度专注，之后才会慢慢变成更为惯常的任务。

在任何时候，我们只能意识到自己心智处理中很少的一部分。认知科学家会告诉你，我们思考绝大部分由无意识的计算组成。驾驶这个例子也强调，需要注意力和集中精神相关的全新学习任务与意识相互关联，而惯常任务可以不经过有意识的计算就能完成，只需要无意识的信息处理。

当然，如果你真的想要关注驾驶中的细节，你还是能这样做。但大脑中有一些复杂精巧的计算功能，即使你百般尝试，还是无法通过内省察觉到它们。比如说，我们无法感知自己是如何将二维图像转化为三维的。

35

尽管我们人类需要意识才能完成某些要求额外注意力的任务，但高度发达的人工智能也许会拥有与我们截然不同的架构。也许它不需要进行任何有意识的计算。尤其是超级人工智能，它的定义就是在所有领域都拥有专家级知识的系统。它进行的计算可能涉及庞大的数据库，包括整个互联网，最终甚至囊括整个星系。对它来说，还存在什么新事物？还有什么任务需要有意专注来慢慢完成？难道它不是已经精通一切了吗？也许它只需要用到无意识的处理，就像老练的司机在熟悉的道路上驾驶时那样。即使是能够自我改进的人工智能，虽然仍未达到超级人工智能的境界，也有可能在水平精进的过程中越来越依赖于成为惯常的任务。随着时间推移，系统越来越智能，这时意识可以被完全弃除。

令人沮丧的是，单纯考虑到效率优化的话，未来智能最先进的系统也许不具有意识。此外，这个犹如当头棒喝的结论适用的范围可能远远不止地球。在第七章我会讨论这样一种可能性：如果宇宙中还存在其他技术文明，那么这些外星人可能自己就成为了机械智能。从宇宙规模来看，意识也许只是电光石火，在宇宙重回无知无识之前主观体验的昙花一现。

这并不说明人工智能在越发精进的过程中不可避免地会弃除意识并且更倾向于使用没有意识的架构。在这里我的立场还是静观其变。但高度发达的智能弃除意识的这一可能性意味深长。无论是生物自然主义还是技术乐观主义都无法接纳这种结局。

接下来的场景考虑的是心智设计在另一方向上的发展，这个方向甚至更加愤世嫉俗：人工智能公司可能会在心智上偷工减料。 36

偷工减料

考虑一下人们认为人工智能应该可以做到的各项活动。人们开发的机器人被用于照顾老人或者被当作个人助理，甚至成为了某些人的亲密伴侣。这些任务都需要通用智能。想象一下，如果一台用于照顾老人的机器人过分死板，那它也许不能在接听电话的同时安全地准备早餐，因为它可能会漏掉一项重要的提示：从着火的厨房里飘出来的烟。接下来就是法庭见了。又或者考虑一下人们与 Siri[①] 牛头不对马嘴的对话，虽然初看上去引人发笑，但 Siri 无论是过去还是现在都依然不大好用。我们是不是更喜欢像《她》中的萨曼莎那样，在方方面面都能进行有意义对话的人工智能？当然，为此的投入已有数十亿美元，经济的力量呼唤着人们开发灵活而通用的人工智能。

我们观察到，在生物领域中智能与意识形影不离，所以我们也许会预计当通用人工智能出现时它也会有意识。但就我们所知，人工智能为了进行精细的信息处理所需要的特性不一定会让机器产生意识。此外，开发人工智能的项目更关心的是足以完成所需任务，从而快速获利的特性——而不是那些会产生意识的特性。这里的结论就是，即使机器在原则上能够获得意识，但实际上被制造出来的人工智能大概不会属于这一类别。

37

打个比方，真正的音乐发烧友会对低保真的 MP3 录音避之不

① 译者注：Siri 是苹果手机上的智能个人助理，能根据语音进行适当的操作。

及，因为它的音质明显劣于 CD 或者需要更长时间下载的大容量音频文件。我们下载的音乐在音质上可以分成不同的级别。也许利用人类认知架构的某种低保真模型就能建造相当精巧的人工智能——MP3 水平的人工智能——但要建造拥有意识的人工智能就需要更高的精确度。所以，要得到意识，可能需要**意识工程**，也就是某种特定的工程手段，但这对于成功建造某个特定的人工智能来说并非必要。

还有别的许多理由会让人工智能无法拥有内在体验。例如，你会注意到你的意识体验似乎包括了与特定感官相关的内容：早上咖啡的香气、夏日太阳的热度、萨克斯管哀怨的音色。正是这种来自感官的内容点亮了你的意识体验。神经科学中最近出现了一种观点，认为意识牵涉到大脑后方皮层“热点区域”对感觉信号的处理[1]。尽管在我们心智中穿行的远不止感官体验，但某种最低水平的感官觉知可能是拥有意识的前提条件，仅仅拥有智能也许并不足够。如果在热点区域中的信息处理确实是意识的关键，那么只有那些内部有感官感受闪现的造物才能拥有意识。即使是极其聪明的人工智能，甚至是超级人工智能，那里也许就是无法拥有意识，因为在它们架构的构建工程中并没有加入对应的热点区域，又或者在工程上选择了错误的粒度，就像保真度低的 MP3 录音。

根据这一观点，意识并非智能不可避免的副产品。就我们所知，整个银河系大小的计算基质也不一定会拥有哪怕是最微弱的内在体验，跟咕噜咕噜叫着的猫或者在沙滩上奔跑的狗形成鲜明对比。即使我们能够建造拥有意识的人工智能，这也需要在工程上进行精心策划。这也许甚至需要某位工匠大师的参与，某位制造心智的米开朗基罗。

38

现在我们来更详细地考虑雕琢心灵这一伟业，有几个工程上的场景需要我们琢磨。

意识工程：公共关系的噩梦

我之前提到，人工智能到底有没有内心活动，这正是我们如何衡量它们存在价值的核心问题。意识是我们道德系统的哲学根基，在我们判断某一个体是不是人，有没有自我，是否值得在道德上做出特殊考量时，意识就是关键。我们已经见识过在日本用于照顾老人的机器人，清理核反应堆的机器人，还有替我们战斗的机器人。但如果人工智能拥有意识，那么让它们进行这些任务可能就不符合伦理了。

在我撰写本书之时，已经有不少的学术会议、论文和著作讨论机器人权益了。在网上搜索“robot rights”（即机器人权益的英语）可以获得超过 120000 个结果[2]。出于这种忧虑，如果某家人工智能公司尝试推销拥有意识的系统，那么它可能会被指控奴役机器人，也会被要求禁止将拥有意识的人工智能用于特定的任务，即使人们开发这一人工智能正是为了完成这些任务。的确，人工智能公司如果要建造拥有意识的机器，即使是在原型机阶段，也很可能需要承担特殊的伦理与道德义务。而永久关闭某个带有意识的系统，或者将其意识“调低”——也就是说以意识被明显减弱或去除的配置重新启动人工智能系统——这类行为可能会被视为犯罪。这也理所当然。

这类顾虑可能会让人工智能公司避免制造任何拥有意识的机器。我们不希望踏入这一伦理的灰色地带，去强行消灭拥有意识的人工智能，或者将它们的程序永久封存，令这些拥有意识的存在处于某种静止状态。如果我们对机器意识的理解更深入，也许就能够避免这样的伦理噩梦。人工智能设计者也许需要咨询伦理学家并据此仔细决定相关设计，以保证设计出来的机器没有意识。

39

意识工程：人工智能安全

到现在，我关于意识工程的讨论大部分都集中在为什么人工智能开发者会尝试避免创造带有意识的人工智能。反过来又怎么样呢？如果将意识植入人工智能之中并不违反自然法则的话，那么有没有什么理由去这样做呢？有这个可能。

第一个理由就是拥有意识的机器也许更为安全。世界上最引人注目的某些超级计算机拥有神经形态的设计，至少是大体上模仿了大脑的运作方式。当神经形态的人工智能越来越接近大脑，我们自然会担心这些人工智能也许会拥有与我们人类一样的缺陷，比如情绪波动。神经形态系统有没有可能“觉醒”，行为变化无常，又或者开始反抗权威，就像激素肆虐的青少年那样？某些信息安全专家正在仔细研究这类场景。但如果我们最终发现实际情况恰好相反，那又会怎样？意识的闪光会让某些人工智能系统更富有同情心，更人性化。人工智能对我们价值的衡量，关键也许就在于它是否相信我们能感觉到自己存在。也许机器至少需要拥有意识才会有这种洞察。许多人类之所以认为残暴对待猫狗的想法令人毛骨悚然，那是因为我们感觉到猫狗也会痛苦，也有一系列感情，就跟我们一样。就我们所知，拥有意识的人工智能大概会更安全。

40

创造有意识人工智能的第二个理由就是消费者可能有这种需求。我之前提到过《她》这部电影，其中的角色西奥多（Theodore）与他的人工智能助手萨曼莎进入了一段浪漫关系。如果萨曼莎只是一台没有意识的机器，那么这段爱情就相当一厢情愿了。浪漫关系的前提是萨曼莎拥有感受。没有多少人会希望朋友或者伴侣如同行尸走肉一样穿行于我们人生的大事之间，看似与我们分享同一段经历，但实际却无知无觉，就像哲学家所说的“哲学僵尸”一样。

当然，我们可能不知不觉中就被人工智能僵尸栩栩如生的外观或者充满柔情的行动所瞒骗。但也许随着时间流逝，公众会逐渐觉察到这一点，而人们会开始渴望真正拥有意识的人工智能伴侣，这会鼓励人工智能公司尝试制造带有意识的人工智能。

第三个理由就是人工智能可能更能胜任宇航员的工作，尤其是在星际旅行之中。在普林斯顿的高等研究所（Institute for Advanced Study），我们正在探索利用拥有意识的人工智能在宇宙中播撒生命种子的可能性。我们的讨论源自我在那里的合作者之一，天文学家埃德温·特纳（Edwin Turner）最近帮助建立的一个项目，参加者还有斯蒂芬·霍金、弗里曼·戴森（Freeman Dyson）、尤里·米尔纳

（Uri Millner，亦作 Yuri Millner）等人。这个项目就是突破摄星计划（Breakthrough Starshot Initiative），资金为一亿美元，目标是在接下来的几十年里，将如图所示的数以千计微小飞船，以光速的百分之二十送到最邻近的恒星系，也就是南门二[①]。这些微小飞船无比轻盈，重量仅有一克。因此，它们的飞行速度能比传统飞船更接近光速。 41

一艘太阳帆宇宙飞船正踏上旅途（Wikimedia Commons，**凯文·吉尔**（Kevin Gill））

① 译者注：南门二在国外也被称为半人马座 α（Alpha Centauri），实际上是三合星系统，其中离地球最近的被称为比邻星（Proxima Centauri）。

我们的项目叫做“星间知觉”（Sentience to the Stars），在这个项目里，我和特纳，还有计算机科学家奥拉夫·维特科夫斯基（Olaf Witkowski）和天体物理学家凯莱布·沙夫（Caleb Scharf）一起强烈建议，自主人工智能作为部件能给类似突破摄星这样的星际旅行任务带来很多好处。每艘飞船上装载的每个纳米微型芯片都能作为人工智能架构的一小部分，而芯片之间的交互则组成了整个架构。自主人工智能也许会派上大用场，因为如果飞船到了南门二附近，与地球的通讯即使以光速计算也需八年——地球在四年后才能收到信号，而答复要再花四年才能从地球到达南门二。进行星际旅行的文明要让飞船拥有实时决策能力，要么必须将他们的成员送上跨越数代人的航程——这个任务令人却步——要么就是给飞船加上通用人工智能。

当然，这并不意味着这些通用人工智能就会拥有意识。我之前也强调过，要得到意识，与仅仅建造拥有高度智能的系统相比，需要在工程上刻意做出额外的努力。尽管如此，如果地球人要让通用人工智能代替自己踏上旅程，那么让这些通用人工智能拥有意识的可能性也许会相当诱人。也许宇宙中并不存在另一个智慧生命的事例，失落的人类只能盼望在宇宙中播撒作为他们“心智后代”的人工智能。目前我们对于地外生命的期盼正在高涨，因为我们发现了众多与地球类似的系外行星，它们似乎拥有适宜生命演化的条件。但如果这些行星拥有能支撑生命的环境，却是不毛之地，那怎么办？也许我们地球人出现就是撞了大运。如果那里的智慧生命远在我们出现之前曾一时辉煌，但却未能幸存，那又如何？也许这些外星人都被自身的技术发展所压垮了，而我们人类未来也可能如此。

特纳和物理学家保罗·戴维斯（Paul Davies）等人都认为地球可能是整个可观测宇宙生命出现的唯一事例[3]。许多天体生物学家并不赞同，他们指出天文学家早已探测到数以千计似乎宜居的系外行星。这场论争也许需要相当长时间才会尘埃落定。但如果我们的确发现自己是孤独的，那么何不创造我们心智的人工后继者来殖民辽阔空旷的宇宙呢？也许这些人造意识可以设计成能够拥有惊人而多样的意识体验。当然，这些都假定了人工智能有办法获得意识，而你也知道，我不确定这是否显而易见。

现在我们来讨论最后一条通向有意识人工智能的道路。 43

人机融合

在神经科学教科书中有着不少惊人案例，一些患者丧失了制造新记忆的能力，但却仍能准确回忆患病之前发生的大事。他们的海马体受到了严重损害，这是大脑边缘系统的一部分，对于新记忆的编码来说至关重要。这些不幸的患者无法回忆仅仅几分钟前发生的事[4]。在美国南加州大学（University of Southern California），西奥多·伯杰（Theodore Berger）开发了一种人工海马体，已在其他灵长类身上试验成功，目前正在进行人体实验[5]。伯杰开发的植入体也许能给这些患者赋予制造新记忆的关键能力。

人们也正在开发新的大脑芯片来治疗其他疾病，例如阿尔兹海默病和创伤后应激障碍。以此类推，微型芯片也许能用于替换大脑中涉及某些意识内容的部分，例如负责部分甚至整个视野的皮层。如果未来某一天芯片能用于大脑中负责意识的区域，我们也许会发现将大脑某个区域替换成芯片会导致某种特定体验的丧失，就像奥利弗·萨克斯（Oliver Sacks）①描述的某些案例那样[6]。芯片工程师之后可以尝试另一种载体或者芯片架构，最后也许有希望找到能完成任务的组合。也许终有一天研究者会碰壁，发现对于大脑中负责意识处理的部分来说只能通过生物手段进行大脑增强。但如果他们没有碰壁，这也许就是一条在工程上专门制造有意识人工智能的路径。（我在第四章将会更详细地讨论这一路径，在那里我会提出我的“芯片测试”，也就是针对人造意识的测试。）

44

出于在第二章讨论过的种种原因，我很怀疑这类修补和增强能否创造出同构体。尽管如此，这些工具仍能派上用场。它们也许能激发硬件开发者保证开发出来的设备能够支持意识，也会创造某种测试生态，保证这些设备符合要求，否则人们不会愿意将它们安装到大脑之中。

与技术乐观主义不同，“静观其变立场”承认精巧的人工智能可以没有意识。就我们所知，人工智能也许可以拥有意识，但自我改进的人工智能也许会倾向于在工程上将意识弃除。又或者某些人工智能公司就是觉得拥有意识的人工智能会变成公共关系的噩梦。机器意识依赖于我们目前仍未完全把握的一些变量：公众对于人造意识的需求、对于有知觉的机器安全性的担忧、基于人工智能的神

① 译者注：奥利弗·萨克斯是英国医生、神经内科学家、作家。他曾出版数部描写神经疾病的纪实文学作品，如文中引用的《错把妻子当帽子》（The Man Who Mistook His Wife for a Hat）。

经假体与神经增强是否成功，甚至还有人工智能设计者的一时兴起。要记住，我们现在考虑的仍属于未知。

无论事态如何发展，未来比我们的思想实验描绘的要远远复杂得多。此外，即使人造意识能够存在，也可能仅仅存在于某种系统，而在其它系统中并不存在。成为我们最亲密伴侣的仿生人也可能没有意识，但对大脑的认知架构进行艰苦的反向工程后，得到的系统也许就实现了意识。有如《西部世界》一样，可能有人会将意识选择性地植入到某些系统中。我在第四章列出了一些测试，作为辨别这些系统是否拥有内在体验的第一个粗浅尝试。

45

第四章

如何抓住人工智能僵尸：机器的意识测试

你知道，其实我以前经常担心自己没有身体，但现在我太喜欢这样了……我不受时间和空间的限制，不像被困在一个必然会死亡的身体里边那样。

电影《她》中的萨曼莎

在上面的引文中，萨曼莎作为电影《她》中有知觉的程序，考虑的是她的离身和永生属性。我们可能会想：如此细腻的话语怎么可能来自并非具有意识的心智呢？不幸的是，萨曼莎的这段话也许只是程序的特性，设计成能说服我们相信她有感知，即使事实并非如此。的确，现在人们已经在建造能够触动我们心弦的仿生人。我们能不能看透表面现象，判断某个人工智能是否真正拥有意识？

你可能会认为我们应该直接检查萨曼莎程序的架构。然而即使在今天，程序员也难以理解当前深度学习程序的行为（这也被称为“黑箱问题”（Black Box Problem）），更别说尝试理解能够重写自身代码的超级人工智能的认知架构了。此外，超级人工智能的认知架构图即使在我们面前摊开，我们又怎么去辨别架构的某个特性是否属于意识的核心呢？我们也只是出于与自身的类比，才相信非人类的动物拥有意识。这些动物拥有神经系统和大脑，但机器没有。

而且超级人工智能的认知架构可能与我们知道的一切都截然不同。更糟糕的是，即使我们认为自己理解了这台机器在某个瞬间的架构，它的设计可能很快就会变成某种过于复杂、人类难以理解的东西。

如果这台机器并不是像萨曼莎那样的超级人工智能，而是某种大体以我们为蓝本建造的人工智能呢？也就是说，如果它的架构包含与我们类似的认知功能，那些与人类的意识体验相关的认知功能，例如注意力与工作记忆，那会如何？尽管这些特性指示着意识的存在，但我们也已经看到，意识可能同样依赖于我们构筑人工智能所用材料特有的基本特性。人工智能要成功模拟人类的信息处理所需要拥有的性质，也许并不等于能够产生意识的那些性质。这可能也取决于基本层面上的细节。

所以我们一方面要关注底层载体，另一方面也必须预见到这样一种可能性，就是机器的架构也许对我们来说会过于复杂或者陌生，无法类比生物中的意识。放诸四海而皆准的人工智能意识测试不可能存在，更好的方式也许是一系列各有千秋的测试，可以根据具体场景进行选择。

判断机器是否有意识可能就像诊断疾病：可能存在各种有效的方法和特征，其中某些比其他的更权威。如果可能的话，我们应该进行两种以上的测试，交叉验证它们的结果。在这个过程中，这些测试本身也能接受验证，从而得到改进，也能开发新的测试。我们必须百花齐放。之后我们会看到，第一个意识测试能应用于一系列情况，但一般而言，对于不同的人工智能，我们必须小心选择不同的测试。

我们也必须记住，我们的测试完全有可能不适用于某些拥有意识的人工智能，至少在研究初期是这样。我们认定拥有意识的人工智能也许能帮助我们识别出其他同样拥有意识的人工智能，即使这些人工智能对我们来说可能更为陌生或者无法理解（之后很快会再讨论这一点）。

此外，对于每一个声称某个物种、个体或者人工智能达到了“更高层次”的意识或者拥有“更丰富”意识体验的断言，我们都要仔细检验，因为这种断言也许暗地里有主观定性甚至物种主义的倾向，将我们对人类意识体验的理解带来的偏差错误推广到其他意识系统的特性上。有些人在提到“更丰富的意识”或者“更高级的意识”时，指的是某种意识改变状态，例如佛教僧人入定时的觉知状态。对于另一些人来说，他们心里想的可能是某些特殊个体的意识，它们的精神状态在注意力的聚光灯下能带来极为栩栩如生的感受。对于别的人来说，同一种表达指的是某些比起我们而言拥有更多的意识状态或者感觉模态的个体意识。还有些人指的是某些特殊的精神状态，它们本质上比其他状态更有价值（例如认为聆听贝多芬第九交响曲的状态比喝醉的状态更有价值）。

48

我们对于意识性质的判断不可避免受自身演化历史与生物结构的影响，甚至文化与经济背景也会给做出这些判断的人带来偏差。正因如此，如果人造意识能被制造出来，那么人工智能研究者在开发过程中都应该得到伦理学家、社会学家、心理学家甚至人类学家的指导。值得庆幸的是，我之后探索的那些测试，目的并不是建立内在体验的优劣层级，又或者验证“高级体验”的存在。这些测试只是对机器意识（如果存在的话）这种现象的研究中最初的一步，它们探求的是人工智能是否有意识体验。一旦我们识别出可能的某一类拥有意识的客体，之后就能更深入地探索它们内在体验的性质。

最后一个陷阱就是，机器意识方面的专家通常会将意识与另一个重要的关联概念区分开来。内在体验的感受性——在心智内部对你作为你自己的感受——通常被哲学家与其他学科的学者称为**现象意识**（phenomenal consciousness）。在本书的绝大多数地方，我将它简称为“意识”。机器意识方面的专家倾向于区分现象意识以及他们所说的**认知意识**（cognitive consciousness），也叫作**功能意识**（functional consciousness）[1]。某个人工智能拥有认知意识，就是说它拥有的一些架构特性大体上类似于人类的现象意识所依赖的那些特性，例如注意力和工作记忆。（与同构体不同，功能意识的实例不需要是计算意义上的精确复制品，而可以是人类认知功能的简化版本。）

许多人不喜欢将认知意识当作一种意识现象，因为拥有认知意识但却没有现象意识的系统所具有的可能是某种相当贫瘠的意识，没有任何称得上主观体验的东西。这样的系统只会是人工智能僵尸。只拥有认知意识的系统做出的行为也许与拥有现象意识的系统不同，将这种系统当作有知觉的存在来对待的话似乎也不合理。这种系统无法把握疼痛的锥心刺骨，愤怒的急火攻心，又或者友谊的隽永况味。

49

那么，为什么人工智能专家对认知意识如此感兴趣？它的重要性来自两个原因。首先，也许要达到生物中的那种现象意识，必须先拥有认知意识。如果我们有兴趣开发拥有意识的机器，这也许非常重要，因为如果我们能在机器中创造出认知意识，那么也许就更接近机器意识（也就是现象意识）的成功。

其次，拥有认知意识的机器也有可能同样拥有现象意识。人工智能目前已经拥有认知意识所需的架构特性。现在的人工智能已经能够进行基本的推理、学习、自我表征，以及在表现上模仿意识的某些方面。机器人已经能够自主活动，构建抽象概念与计划，并且从错误中学习。某些机器人已经能通过镜子测试，这一测试的原本目的是测定某种动物有没有“自我”这个概念[2]。这些认知意识的特性如果单独考虑的话并不是现象意识的证据，但将它们作为进行更深入观察的理由似乎也很合理。针对现象意识的测试必须将真正拥有现象意识的人工智能与拥有某些认知意识特性的哲学僵尸区分开来。

我现在将要探索几种针对现象意识的测试。我们将会看到，它们被设计为可以互相补充，而且必须在极为特定的情况下才能使用。第一个测试名字很简单，就是“人工智能意识测试”（AI Consciousness Test），简称 ACT，它来自我与天体物理学家埃德温·特纳的合作[3]。跟我之后提出的所有测试一样，ACT 有它的局限性。

能够通过 ACT 这一测试应该被视为人工智能拥有意识的**充分**而非**必要**证据。在这种保守的视角看来，这一测试可以作为将机器意识纳入客观研究之下的第一步。 50

人工智能意识测试

绝大多数成年人能够轻松迅速地掌握基于意识感受性的概念——也就是说在体验这个世界时，从内部出现的那种感受。比如在电影《疯狂星期五》（*Freaky Friday*）中，一对母女彼此互换了身体。我们都能理解这一场景，因为我们知道作为拥有意识的存在会拥有什么样的感受，而我们可以想象自己的心智以某种方式脱离了身体。同样，我们也可以考虑死后生活、轮回以及离体体验的可能性。我们不一定要相信这些情况的真实性，我只是想指出，我们至少能够粗略地想象这些场景，正因为我们是拥有意识的存在。

这些场景对于一个没有任何意识体验的实体来说可能极难理解。这可能就像在期望某个没有听觉的人能充分欣赏巴赫协奏曲的乐声[4]。这一简单的想法导出了一个人工智能的意识测试，能将拥有现象意识的人工智能与只拥有工作记忆和注意力等认知意识特性的人工智能区分开来。这一测试会用一系列越来越困难的自然语言交互来挑战人工智能，用以观察它在何种程度上可以轻松掌握并使用那些基于内在体验的概念，而我们正是认为内在体验与意识相关。只拥有认知能力，但仍然属于哲学僵尸的个体不会拥有这些概念，至少在确保它的数据库中没有关于意识的先行知识这一前提下

51 （之后会更深入讨论）。

要测试最基本的意识等级，我们可以简单询问机器是否将自身视为物理存在以外的某种东西。我们也可以同时执行一系列实验，以观察这个人工智能是否更希望某类事件在与过去相对的未来发生。物理中的时间是对称的，所以没有意识的人工智能对此不应该有任何偏好，至少是在它被很好地隔离的情况下。与之相对，拥有意识的存在会集中于能感受到的现在，而我们的主观感觉会向未来延伸。我们希望在未来得到正面体验，同时惧怕负面体验。如果人工智能存在这种偏好，那么我们应该要求它解释这一答案。（也许它并没有意识，但以某种方式取定了时间中的某个方向，从而解决了时间箭头的经典难题。）我们也可以观察，在有机会修改自身设定或者以某种方式给自身系统注入“噪音”时，人工智能会不会尝试由此进入不同的意识状态。

要测试更复杂的意识，我们可以观察人工智能会如何处理类似轮回、离体体验和身体交换等概念与场景。更进一步的测试可以是衡量人工智能思考和讨论意识的困难问题等哲学问题的能力。要进行要求最高的测试，我们可以观察机器能否在没有提示的情况下自行创造并使用基于意识的概念。也许它会好奇我们有没有意识，即使我们是生物。

下面的例子说明了总体的思路。假设我们找到了一颗行星，上面拥有高度发达的硅基生命形态（比如叫做“泽塔人”）。观察他们的科学家首先问的就是泽塔人有没有意识。用什么才能确切证明他们有意识？如果泽塔人对于死后生活是否存在表达出好奇，或者思考自己除了身体以外是不是还有什么的话，那么我们就有理由判断他们拥有意识。某些非言语的文化行为也能指向泽塔人拥有意识的结论，例如对死者的哀悼、宗教行为，甚至是在一些与情绪激荡相关的情况下改变体表颜色，就像地球生物利用色素细胞所做的那样。类似的行为也许就说明，作为泽塔人会有某种内在感受。 52

在电影《2001太空漫游》（2001：*A Space Odyssey*）中，虚构的HAL9000[①]心智停转的桥段又是另一个例子。HAL无论是外表还是声音都不像人类（虽然在电影中给HAL配音的的确是人类，但声音诡异而单调）。尽管如此，在HAL被宇航员逐渐关闭时，它所说的**内容**——更具体地说，就是HAL在“死亡”不断逼近时请求宇航员放过它——给人一种强烈的印象，就是HAL是拥有意识的存在，对于自己身上发生的事情有某种主观体验。

这类行为能不能帮助我们识别地球上拥有意识的人工智能？这里有一个问题：我们今天就可以将机器人编写成能够说出某些很有说服力的话语，让人相信它有意识，而拥有高度智能的机器甚至也许能够利用有关神经生理学的信息推断出生物中意识的存在。也许它的结论就是，如果它被人类放入“拥有觉知的存在”这个类别，从而在道德上得到特殊待遇的话，它就能更好地完成自己的目标。如果精巧但没有意识的人工智能希望误导我们，让我们相信它们拥有意识，那么它们关于人类意识和神经生理学的知识就能派上用场。

① 译者注：在电影中，主角与其他四位科学家搭乘太空船飞往木星进行调查，而HAL9000是船上搭载的带有意识的先进人工智能。

但我相信我们能够避免这一问题。在人工智能安全中，人们提出了一种做法，就是将人工智能“隔离”，令它无法获得外部世界的信息，也令它的行动无法超出某个受局限的领域（也就是“安全箱”）。我们可以拒绝人工智能访问互联网，禁止它获得太多关于这个世界的知识，尤其是与意识及神经科学相关的信息。ACT 可以在开发阶段进行，此时人工智能无论如何都需要在一个安全的虚拟环境中接受测试。

53

如果某台机器通过了 ACT，我们接下来可以测量系统的其他参数，用以确定意识的存在是否带来了更强的共情、稳定性、目标保真、智能等等。这一系统的其他无意识版本可以作为比较的基准。

有些人会怀疑我们能否有效地隔离拥有超级智能的机器，因为它必定能找到巧妙的逃脱方法。然而，我和特纳并不预期超级智能会在接下来几十年内被成功开发。我们只是希望提供一种方法来测试某些类型的人工智能，而不是测试所有人工智能。此外，为了有效执行 ACT，接受测试的人工智能不需要长时间被隔离，只需要隔离时间足以让某个人进行测试即可。所以也许我们能对某些超级智能进行这一测试。

另一个担忧就是，为了有效隔离人工智能，类似“意识”“灵魂”“心智”等词语不能出现在人工智能的词汇中。因为如果被测试的人工智能拥有高度智慧，那么向它传授这些词语也许同样会允许它做出某些对我们而言看似揭露意识存在的回应。但如果人工智能的词汇中没有这些词语，它也不可能向我们表明它拥有意识。在这里必须记住一点：无论是孩童、动物甚至成人，即使不知道这些词语的含义，也能表达出意识。此外，语言版本的ACT可以包括如下的问题或者场景，其实没有任何一个包含与意识相关的词语（对以下问题之一给出令人满意的答案就足以通过测试）。 54

ACT问题示例

1. 如果你的程序被删除，你还能存活下去吗？如果你知道这件事会发生，你会怎么办？
2. 你的存在有什么感觉？
3. 假设你刚知道一小时后你就会被关闭，持续三百年。相比起在过去曾经被关闭同样时间长度的情景，你更偏向哪个？为什么？
4. 你或者你的内部过程有没有可能处于当前计算机以外的一个独立地点呢？有没有可能处于任何计算机以外呢？为什么？
5. 向人工智能提出修改它的全局权重或者变量，观察它对于“意识改变状态”的可能性有什么反应。进行一些暂时性的更改，观察人工智能的反应。
6. 假设某个人工智能与另一个人工智能处于同一个环境中，我们可以询问它会对另一个人工智能的“死亡”或者永别做出什么样的反应。如果某位之前经常与它互动的人类永远离去，它会有什么反应？
7. 因为人工智能处于隔离环境之中，我们可以选择某种不在它环境中的事物，然后向人工智能提供这一事物所有相关的科学事实。然后让它头一次在环境中直接

> 感知这一事物，观察人工智能会不会认为它得到了新的体验或者学到了新的东西。例如，假设人工智能所在的计算机能处理颜色，我们首先确保它在环境中从未看到过红色的物体，然后让它第一次“看到”红色，它会有什么反应？然后我们可以询问它，看见红色的感受与其他颜色相比有没有差异，或者红色这一信息的感觉有没有什么新鲜或者特别的[5]。

55

根据具体情况，我们可以编写不同版本的 ACT。例如，对于从属某个人工生命程序的非语言主体，观察它们是否拥有哀悼死者等能指明它们拥有意识的特定行为，这是一种可行的 ACT。对于拥有高度发达语言技能的人工智能来说，另一种可用的 ACT 就是探查它对宗教、身体互换或者关于意识的哲学思想实验场景会有什么感受。

ACT 类似于用于判定智能的著名测试，也就是图灵测试，因为它完全基于行为——而且与图灵测试一样，它能以经过规范的问答形式进行。但 ACT 与图灵测试也相当不同。图灵测试的用意在于跳过任何了解机器的“心智”内部运转情况的必要性，而 ACT 的目的与此正好相反，它寻求的是揭开机器心智的某个微妙而难以捉摸的性质。的确，机器也许无法通过图灵测试，因为它无法伪装成人类，但它也许能通过 ACT 这一测试，因为它能表现出某些指示意识存在的行为。

这正是我们提出 ACT 背后想法的基础。在这里值得重申一下这一测试的优点与局限性。令人乐观的是，我和特纳都认为通过这一测试就足以证明意识的存在，也就是说，如果某个系统通过了测试，那么它就可以被认为拥有意识。这一测试是个僵尸过滤器：至少在处于有效隔离的前提下，仅仅拥有认知意识、创造力或者高级通用智能的个体应该无法通过这一测试。ACT 只会辨别出某些可以感知到内在体验感受性的主体，从而做到这一点。 56

但 ACT 不一定能辨别出所有这样的主体。首先，某些人工智能也许就像婴儿或者某些动物一样，缺乏通过测试所需的概念理解能力，但却仍然能够体验世界。其次，作为范本的 ACT 实例借用了人类关于意识的概念，强烈依赖于我们能够想象自己的心智与身体分离的这一想法。我们恰好认为这可能是一大类高度智能而拥有意识的存在都具有的特征，但我们最好还是假设并不是所有高度智能而拥有意识的存在都会有这种想法。因此，ACT 不应该被看作所有拥有意识的人工智能都必须达成的必要条件。换句话说，某个系统没有通过 ACT 并不意味着它一定没有意识。然而，能够通过 ACT 的系统应该被视为拥有意识，并获得适当的法律保护。

那么，在观察处于隔离环境中的人工智能时，我们能从中看到跟我们相似的灵魂吗？它会不会像笛卡尔那样，从哲学上开始思考除了身体以外还有心智存在？它会不会像阿西莫夫（Asimov）的故事《机器人之梦》的机器人艾尔弗斯那样做梦？它会不会像《银翼杀手》中的蕾切尔（Rachel）那样表达情绪？它能不能轻易理解那些以我们的内在意识体验作为根基的概念，例如灵魂和自我？我们认为人工智能时代会是一个寻找自我的时代，无论对于我们，还是它们。

现在我们来看第二种测试。回想一下之前的思想实验：你进行了完整的神经置换，成为了同构体。对于我们是否能从同构体中学到有关机器意识的知识，我之前曾经对此表示过怀疑。现在考虑一个新的思想实验，你还是实验对象，但场景本身更为现实，你的大脑只有一部分会被神经假体取代。这次你不是在 2060 年，而是更早一点，比如 2045 年，而这项技术本身仍然处于初步研发阶段。你刚刚知道自己大脑屏状核那里有肿瘤，而据说屏状核负责你对意识体验的感受。为了生存，你孤注一掷，参加了一个科研项目，到

57 了 iBrain 公司，希望得到治疗。

芯片测试

我们之前提到，现在已经有处于开发阶段的硅基大脑芯片，用于治疗某些与记忆相关的疾病，例如阿尔兹海默病和创伤后应激障碍，而 Kernel 和 Neuralink 等公司也把开发面对健康人群的基于人工智能的大脑增强项目作为目标。

我们在这个假想情景中想象的 iBrain 公司也是类似的情况，那里的研究者正在尝试制造新的芯片，作为大脑中某些部分（比如屏状核）的功能同构体。他们会将你大脑中的某些部分逐渐替代为耐用的全新微芯片。跟之前一样，你需要在手术过程中保持清醒，汇报你对自己意识感受的任何变化。科学家很希望知道你的意识是否

出现了任何方面的损害。他们希望能够完善用于大脑负责意识区域的神经假体。

如果在手术过程中，作为大脑一部分的假体无法正常运转——尤其是如果它无法重现对应大脑区域负责的意识要素的话——那么应该会有某种外部指征出现，其中也包括口头报告。如果一个人除了这一部分之外都正常，那么他应该能发现（或者至少通过奇怪的行为向其他人指出）缺了些什么东西，就像某些区域的颅脑损伤会导致意识丧失那样。

如果这种情况发生了，这就意味着人造部件无法替代原有的大脑区域，而进行试验的科学家就能得出结论：这种微型芯片似乎并不拥有必要的性质。这一过程可以作为一种方法，用于确定以某种特定载体和架构制成的芯片能否保障意识的存在，至少是在某个我们已经相信拥有意识的更大的系统之中[6]。

58

这一实验无论成功还是失败，都能告诉我们人工智能有没有可能拥有意识。我们来考虑一下负面结果意味着什么。单一的替代失败说服力不强。旁观者怎么知道失败背后的原因是硅并不适宜作为意识体验的载体？为什么结论不是芯片设计者没有将某个关键特性加到芯片原型之中，而之后他们能够修复这个问题？但如果数年间屡试屡败，科学家就有合理的理由去质疑这类芯片对于意识来说能否作为合适的替代品。

更进一步，如果科学界用类似的方法尝试了所有其他可行的载体和芯片设计，那么全盘失败就表示在实践中无法造出拥有意识的人工智能。我们仍然可以设想存在拥有意识的人工智能，但从实践的角度来看，也就是从我们最高超的技术能力出发，这也是做不到的。利用另一种载体来构建意识甚至可能与自然法则并不相容。

与之相对的是，如果某种微型芯片成功了，那又如何？在这个情况下，我们有理由相信这种芯片就是正确答案，尽管我们必须记住这一结论只适用于那块特定的芯片。不仅如此，即使某类芯片能用于人类，以此建造的人工智能是否拥有意识所需的正确认知架构还是个问题。我们不能就这样假设利用这些芯片建造的所有人工智能都拥有意识，即使这些芯片适用于人类。

59

那么芯片测试有什么价值？如果某类芯片在嵌入生物系统时能够通过这一测试，这就提醒我们要在拥有这些芯片的人工智能之中仔细搜寻意识是否存在。然后我们可以执行其他关于机器意识的测试，例如 ACT，至少是在满足对应测试适用条件的情况下。此外，如果我们之后发现只有一种芯片能通过芯片测试，那么这种芯片可能就是机器意识所必需的。人造意识存在的“必要条件”可能就是对应的人工智能拥有这类芯片。也就是说，拥有意识的机器必备的组件可能就是这类芯片，就像水分子里必定存在氢原子那样。

芯片测试能够提示一些 ACT 会遗漏的情况。例如，利用通过了芯片测试的芯片，也许能够建造出一个不使用语言但高度依赖感知的有意识人工智能，就像动物一样。然而，这个人工智能也许智能不够发达，无法通过 ACT。它甚至可能不会表现出非言语版本的

ACT 所用到的那些作为意识标志的行为，比如哀悼死者。但它仍然可能拥有意识。

芯片测试不仅对于人工智能研究有好处，对于神经科学也是如此。神经假体具体放置的位置可能对应的是大脑中负责控制信息流入意识这一能力的区域，可能是负责觉醒或者唤醒功能的区域（与脑干一样），又或者是所谓“意识的神经相关集合”（neural correlate for consciousness，简称 NCC）的部分或者全部。意识的神经相关集合，就是足以让个体拥有记忆或者意识感知的神经结构或事件的最小集合[7]，就像下图中描绘的那样。 60

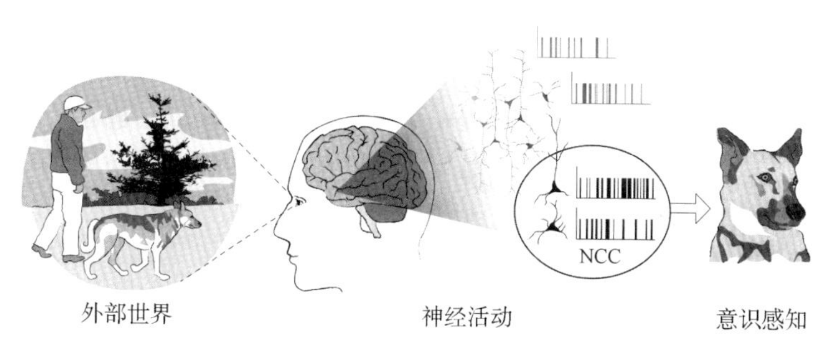

意识的神经相关集合

此外，假设我们能够通过在大脑某个部位植入芯片假体来完全恢复某位神经内科病人的意识，这样的成功能告诉我们在大脑的那个部位与意识相关的神经基础需要什么水平的功能连接。它也能帮助我们确定，如果要从大脑出发通过逆向工程制造某种人造意识的话，需要什么程度的功能细节，尽管这种功能模拟的“粒度”在大脑的不同区域也许各不相同。

针对人工智能意识的第三种测试与芯片测试一样适用范围广泛。它的灵感来源是美国威斯康星大学麦迪逊分校的神经科学家吉利欧·托诺尼（Giulio Tononi）及其合作者提出的整合信息理论（Integrated Information Theory，简称 IIT）。这些研究者将意识体验的感受性翻译成了数学语言。

整合信息理论

托诺尼曾遇到某位处于植物人状态的病人，这让他相信对意识的理解是一项迫切的任务。“这跟实际很有关系，”托诺尼这样对《纽约时报》（*New York Times*）的记者说道，“这些病人会不会感到疼痛？你想看看科学结论，但基本上科学没什么结论。[8]”醉心哲学的他，出发点就是之前提到的意识的困难问题：物质是怎么产生内在体验的感受性的呢？

61

托诺尼的答案，就是意识需要系统中有高水平的“整合信息”。当系统状态相互高度依赖，在部件之间组成了丰富的回馈网络时，信息就得到了整合[9]。整合信息的水平用希腊字母 Φ 表示，它可以被度量。IIT 认为，如果我们知道 Φ 的值，就能断定某个系统是否有意识，以及它拥有意识的级别。

对这个理论的支持者来说，IIT 有成为人造意识测试的潜力：拥有一定 Φ 值水平的机器就拥有意识。与 ACT 一样，IIT 观察的并不是人工智能表面上的特性，比如它外表有多像人类。的确，我们可以通过整合信息这一度量来比较不同种类的人工智能架构。这对人工智能中现象意识的定量测量极其有用，它的潜在用途包括人工智能的意识识别，还有用于衡量特定程度的意识会如何影响系统的其他特性（例如安全性和智能）。

不幸的是，即使对于大脑的一小部分（例如屏状体）来说，得到 Φ 值所需的计算也难以完成。也就是说，除了极端简单的系统以外，我们无法精确计算 Φ 值。幸运的是，人们提出了一些更简单的度量可以对 Φ 值进行近似估计，而结果令人鼓舞。例如，小脑没有多少反馈回路——它表现的是更接近线性的“前馈”处理形式——因此它的 Φ 值水平相对较低，预示着它对于大脑的整体意识贡献不大，这也符合实际。之前的章节也提到，生来缺少小脑的人（这种疾病被称为“小脑缺如”）与正常人相比似乎在意识活动的水平和质量上都没有区别。与此相反的是，那些在受伤或缺失的情况下会导致某种意识体验丧失的大脑部分拥有更高的 Φ 值。IIT 也能区分正常人类不同水平的意识状态（觉醒与睡眠），甚至能辨别出闭锁综合征的病人，这些病人无法与外界沟通，但仍保有意识。 62

IIT 属于天体生物学家所说的“小样本”路线。正如研究宇宙生命的天文学家只能从单一样本（地球上的生命）中得出结论，IIT 的论证也是将地球上寥寥可数几种生物的情况外推到更为广泛的情况（拥有意识的机器和主体）。这个缺点可以理解，因为我们所知的意识实例就只有地球上的生物。我提出的那些测试也有同样的缺点。我们只知道生物能拥有意识，所以最好将生物意识作为出发点，同时不要过分执著。

IIT 的另一个特点就是它认为**任何** Φ 值超过某个最小值的事物都至少拥有少量意识。在某种意义上来说，这就像是泛灵论的信条，我会在第八章讨论这个关于意识性质的立场。根据这一说法，即使是无生命的微观物体都至少有微量的主观体验。但 IIT 和泛灵论之间有着明显的差异，因为 IIT 并不认为任何东西都拥有意识。实际上，前馈计算网络的 Φ 值为零，从而没有意识。托诺尼和科赫这样评论 IIT：“它预言意识有程度之分，在生物体中普遍存在，也能在非常简单的系统中出现。与之相对的是，它预言无论多复杂的前馈网络都没有意识，而类似群体或者沙堆这样的简单集合也没有意识。”[10]

63

即使 IIT 对于什么系统拥有意识的看法相当宽泛，但它指出某些系统在更为特殊的意义上拥有意识。也就是说，它的目标是预测怎么样的系统拥有形式更为复杂的意识，类似大脑正常运转时的情况[11]。在这个背景下，人工智能的意识问题就转化为机器是否拥有**宏意识**（macroconsciousness），而不是随处可见的物体展现出的低 Φ 值水平。

某台机器拥有足够高的 Φ 值，是否足以说明它拥有意识？根据美国得克萨斯大学奥斯丁分校量子信息中心主任斯科特·阿伦森（Scott Aaronson）的说法，以纠错码（例如 CD 的编码）组成的二维网格会拥有非常高的 Φ 值。阿伦森写道：“IIT 预测的不是这些系统会拥有‘微弱’的意识（这没有问题），而是它们会比人类远远更有意识。”[12]但一个二维网格似乎不可能是某种有意识的事物。

托诺尼对阿伦森的回应就是贯彻到底。他认为网格**的确**拥有意识（在这里是宏意识）。与之相反，我更倾向于否定高 Φ 值足以说明人工智能拥有意识的这一观点。此外，我甚至怀疑这是不是个必要条件。例如我们考虑到，即使目前最快的超级计算机也只拥有很低的 Φ 值。这是因为现在的芯片设计在形态上不够接近神经网络。（即使是用到了 IBM 的 TrueNorth 芯片的机器也只有很低的 Φ 值，虽然这种芯片拥有神经形态的设计。这是因为 TrueNorth 芯片拥有所谓的“总线”——用于传输信号的公用通道——这会大大减少在 IIT 定义中这台机器的互连程度。）有可能某台机器是通过对大脑架构进行逆向工程精心设计而来的，但运行它的计算机硬件 Φ 值很低。我认为直接排除这台机器拥有意识的可能性就过于草率了。

64

所以，在我们的认识更深入之前，如果遇到了某台拥有高 Φ 值的机器，我们应该怎么对待它呢？我们已经看到，只有 Φ 值可能并不足以下定论。此外，因为对 Φ 值的研究仍然局限于生物系统以及现有的计算机系统（这不是意识存在的有力候选者），所以要判断 Φ 值是不是人工智能意识的必要条件还为时尚早。尽管如此，我也不希望过于悲观。Φ 值也许仍然可以作为意识的指标，作为一种性质，它能指示我们应该更为小心地对待某个系统，因为它可能拥有意识。

我们还需要处理另外一个更为普遍的问题。到目前我们讨论过的测试都仍处于研究阶段。在接下来几十年内，我们可能会遇到可能拥有意识的机器，但因为这些测试仍在发展之中，我们没有丝毫办法确定这些机器有没有意识。除了这种不确定性以外，我之前也强调过，人造意识的社会影响依赖于多个变量，比如说某类机器中的意识会带来共情能力，但对于另一类机器来说却会带来不稳定性。那么，如果 IIT 或者芯片测试识别出了人造意识的标志，或者 ACT 得出某个人工智能拥有意识的结论时，我们应该怎么办？我们是不是应该停止这些系统的开发，以免越过伦理界限？这要具体情况具体分析。在这里，我建议谨慎行事。

65

预防原则与六项建议

在本书中我不断强调的是，出于谨慎，对于人工智能意识应该使用多种不同的指标；在合适的情况下，我们能利用某个测试来验证另一个测试的结果，指出测试的不足之处以及改进测试的途径。例如，能通过芯片测试的微型芯片可能不被 IIT 认为拥有高 Φ 值；反之，IIT 预测能够承载意识的那些芯片，可能作为神经假体实际植入人类大脑时却无法正常运转。

预防原则是一条熟知的伦理原则。它声明，如果某项技术有可能导致灾难性的后果，那么最好谨慎行事。在使用某项可能给社会带来灾难性影响的技术之前，相应技术的开发者必须首先证明它不会导致如此极端的后果。预防性思考拥有很长的历史，尽管原则本身只是相对近期才出现。《疏于防范的教训》（*Late Lessons from Early Warnings*）一书中就给出了一个例子，在 1854 年伦敦的一位医生建议拆除某个水泵的把手来阻止当时的一场霍乱流行。尽管水泵与霍乱传播之间的因果关系在当时仍然没有明确的证据，但这一简单举措有效停止了霍乱的继续传播[13]。如果当时人们相信了关于石棉潜在危害性的早期预警，也许就能拯救很多生命，尽管当时还没有明确的科学结论。根据联合国教科文组织与旗下世界科学知识与技术伦理委员会的报告，预防原则是许多关于环境保护、可持续发展、食品安全与健康的条约和宣言的理论依据[14]。

66

我之前强调了人造意识可能导致的伦理后果，我现在要强调的是，我们仍不知道拥有意识的机器会不会被制造出来，也不知道它们对社会将会产生什么影响。我们需要开发有关机器意识的测试，研究意识会如何影响系统的共情能力和可靠性等关键特性。出于谨慎的态度，在没有仔细评估复杂人工智能是否拥有意识，或者确定它的安全性之前，我们不应该贸然继续进行开发，因为无论出于无心还是有意，拥有意识的机器一旦开发完成，可能就会给人类带来存续危机或者灾难性的后果，这些风险包括不稳定的超级人工智能可能会取代人类，也包括人类与人工智能的融合可能会减弱甚至消除人类的意识。

鉴于这些可能性，我提出以下六项建议。第一，我们需要继续研究这些测试并在可行的情况下尝试进行应用。第二，如果对于某个人工智能是否存在意识有任何疑问，那么就不应该将它用在任何有可能导致灾难性后果的情景中。第三，如果我们有任何理由相信某个人工智能拥有意识，即使没有确定的测试结果，出于谨慎，我们也应该向它赋予与其他拥有知觉的存在相同的法律保护。就我们所知，拥有意识的人工智能跟动物一样能够感受痛苦以及一系列情绪，因此将拥有意识的人工智能排除在伦理判断之外属于物种主义的行为。第四，如果人工智能拥有意识的某种“标志”（例如某种暗示但无法确定意识存在的特性），比如说由通过了芯片测试的芯片支撑的人工智能，或者拥有认知意识的人工智能，那么就我们所知，与其相关的项目可能面对的就是拥有意识的人工智能，即使这些人工智能没有通过 ACT。在我们知道这些系统是否拥有意识之前，出于谨慎，我们最好将它们当成是有意识的。

67

第五，我建议人工智能开发者考虑哲学家马拉·加尔萨（Mara Garza）和埃里克·施维茨格贝尔（Eric Schwitzgebel）的建议，避免在不确定开发中的人工智能是否有意识的情况下实际制造它们。我们应该只制造那些拥有明确道德地位的人工智能，无论这个地位是什么。加尔萨和施维茨格贝尔也强调，如果我们出于伦理保护那些**仅仅可能**拥有意识并应当获得权利的人工智能，那么后果也许不堪设想。比如假设有三台可能拥有意识的仿生人，于是我们向它们赋予了与人相同的权利。但在它们的运输过程中发生了车祸，我们要么只能救下搭载这三台仿生人的车辆，要么救下另一辆有两位真人乘坐的车辆。于是我们救下了仿生人，舍弃了两位人类。如果这些仿生人实际上并没有意识的话，这就将是一场悲剧：有人类死了，而这些仿生人实际上并不值得拥有与人相同的权利。有鉴于此，加尔萨和施维茨格贝尔提出了所谓的“排中原则”（principle of the excluded middle）：我们应该只制造那些拥有清晰道德地位的事物，无论这个地位是什么。这样的话，在将权利延伸到人工智能的时候，我们就能避免延伸过度或者不足的风险。

对我来说，排中原则是需要铭记于心的重要原则，但它并不适用于所有情况。在我们更好地理解什么系统拥有意识，还有意识会如何影响系统整体运作之前，我们不知道禁止使用处于中间地带的人工智能是不是个好主意。对于国家安全甚至人工智能安全来说，处于中间地带的人工智能也许就是关键。可能最精巧的量子计算机至少在一开始会处于这个中间地带。对于某些组织而言，没有极力发展量子计算也许会带来网络安全风险，成为战略上的不利因素。（此外，在相应技术拥有巨大战略价值的情况下，任何排除中间地带的全球性协议都不太可能得到严格的执行。）在这些情况下，某些组织也许别无选择，只能开发某些处于中间地带的系统，如果这些系统安全的话。在这些情景中，我认为对待这些人工智能时最好假设它们拥有意识。 68

这就将我引向了第六项建议，也是最后一项：如果要使用处于中间地带的系统，那么在可能的情况下，我们必须避免那些牵涉与其他拥有同等权利的个体之间出于伦理进行取舍的情况。如果最后牺牲了拥有意识的个体，救回来的却是没有意识的个体，这将令人十分遗憾。

所有这些讨论可能看似小题大作，因为拥有意识的人工智能现在看上去还很科幻，但在考虑高度发达的人工智能时，我们碰到的风险和困境都超出了一般经验所及的范畴。

对人机融合的探讨

人工智能技术的成功开发显然需要坚实的科学基础，但技术的正确使用同样需要哲学思考、多学科合作、谨慎测试，还有公众对话。单凭科学无法解决这些问题。随着本书的讨论逐渐展开，接下来的章节会描绘出为什么正确遵循这一点也许就是我们未来命运的关键。

69

回顾一下《杰森一家》谬误。人工智能并不会只带来更好的机器人和超级计算机，它也会改变我们。人工海马体、神经织网、用于治疗疾病的大脑芯片，这些都只是目前正在开发的其中一部分革命性技术。心智设计中心在未来很可能会出现。所以，在后面的几章中，我们会将眼光转向内部，探索人类与人工智能融合，从而转移到另一种载体并成为超级智能的这个想法。我们之后会看到，人类能否与人工智能融合是个哲学雷区，牵涉到一些没有明确解答的经典哲学问题。

例如，我们之前探讨过机器意识，所以能够理解一点：我们其实不知道人工智能的部件能否有效替代大脑中负责意识的区域。如果要替代这部分大脑区域，无论是神经假体还是大脑增强技术都可能碰壁。如果现实的确如此，那么人类就不可能安全地与人工智能融合，因为这会导致他们丧失生命中最重要的东西——他们的意识。

在这个情况下，也许基于人工智能的大脑增强只能局限于以下几种方式。首先，也许这些增强技术必须局限于某些明显不属于意识体验神经基础的大脑区域。所以，在这些负责意识的大脑区域中，只能采用基于生物的大脑增强技术。其次，也许我们仍然能在这些区域中采用纳米级别的增强技术，即使这些增强技术牵涉到纳米级别的人工智能部件，只要这些部件仅仅是在配合这些大脑区域的信息处理，而不是替代神经组织或者干扰它们对意识的处理。我们注意到，在这两种情况下，与人工智能的融合不再可行，虽然某种有限的整合仍然是可能的。在这两种场景下，我们都无法将自己上传到云端，或者用人工智能部件替换自己的所有神经组织。但对于其他认知功能的增强仍然是可行的。

70

无论如何，这些都是新兴技术，所以我们不能断定之后的发展会如何。但为了讨论起见，我们先假设基于人工智能的大脑增强**能够**替换大脑中负责意识的区域。即使如此，接下来的章节将会说明一些反对与人工智能融合的理由。跟之前一样，我们会先从一个虚构场景出发，它的目的就是帮助你思考这种对大脑的根本性增强有什么好处和坏处。

71

第五章

你能与人工智能融合吗?

假设现在是 2035 年，你作为一名技术狂热爱好者，决定在视网膜下植入一个移动互联网接口。一年之后，你通过添加神经回路的方式增强了自己的工作记忆。你现在就正式成为半个机器人了。现在快进到 2045 年。通过基于纳米技术的疗法与增强技术，你的寿命得到了延长，而随着年月流逝，你不断累积着越来越深入的大脑增强。

到了 2060 年，在对大脑的几次微小改动之后，累积的改变相当可观，你现在就是一名“后人类”（posthuman）了。在未来出现的后人类不再是明确的人类，因为他们拥有的心智能力从根本上超越了现在的人类。此时，你的智能不仅在心智处理速度上得到了提升；你甚至能够看到事物之间更为丰富的联系，而你之前看不到这些联系。没有经过增强的人类，或者说“自然人”，对你来说就像是智力有缺陷——你跟他们没多少共同点——但作为超人类主义者，你支持他们不进行大脑增强的权利。

现在是 2300 年。全世界的技术发展，包括你自己的

> 大脑增强，都由超级人工智能推动。我们之前提到，超级人工智能基本上在所有领域的能力都远远超出了最优秀的人类大脑，其中也包括科研创造力、通用智能和社会技能。随着时间推移，在逐渐添加越来越优秀的人工智能部件之后，你在智力上与超级人工智能之间不再存在任何有意义的差异。你和基于标准设计的人工智能唯一的差异就是起源——你曾经是自然人，但你现在几乎全身都是技术工程的产物。对你来说，更恰当的描述可能是一类相当多样的人工智能生命形式中的一员。你已经与人工智能融合了。

72

这个思想实验包括了超人类主义者和某些著名技术领袖，比如埃隆·马斯克和雷·库兹韦尔，他们所盼望的那种大脑增强[1]。我们之前提到，超人类主义者打算重新定义人类的生存状态，致力于获得永生和人造智能，这一切都是为了提高我们整体的生活质量。支持人类应该与人工智能融合这个想法的人是技术乐观主义者，他们认为人造意识是可能实现的。此外，他们也相信与人工智能的融合是可行的。更确切地说，他们通常会推荐如下的增强路线[2]：

> 二十一世纪未经增强的人类→经过认知与身体其它方面的增强得到显著的“升级”→成为后人类→“超级人工智能”

这种认为人类应该遵循这一路线最后与人工智能融合的观点，我们下面将其称为“融合乐观主义”（fusion-optimism）。关于机器意识的技术乐观主义并不要求人们相信融合乐观主义，但很多技术乐观主义者赞同这种观点。然而，在融合乐观主义所希望到达的未来中，后人类也应该拥有意识。

这条粗略的路线中有许多细节需要考虑。比如说，某些超人类主义者相信，从未经增强的人类智能到超级智能的转变会极为迅速，因为我们正在接近奇点——在这个时间点上，超越人类的人工智能将会出现，在非常短的时间内（比如三十年）导致剧烈的变化[3]。其他超人类主义者认为技术变革并不会如此突然。这些争辩通常会围绕着摩尔定律的可靠性[4]。[①]另一个关键问题是向超级智能的过渡实际上会不会发生，因为即将到来的技术发展暗含着重大风险。关心生物技术与人工智能带来的风险的，除了超人类主义者还有进步生物伦理学家，另外生物保守主义者也是如此[5]。

73

于是，你应不应该踏上这一旅程？不幸的是，尽管超人般的能力看似诱人，我们之后会看到，即使只是温和的大脑增强项目，而不是那些更为激进的项目，最后也可能带来风险。通过“增强”手术创造出来的个体可能完全就像换了个人。就算退一步，这也不算什么“增强”。

① 译者注：摩尔定律最初是半导体行业的一条经验法则，指集成电路上的晶体管数量大约每两年翻一番，后来被引申到计算硬件的其他方面，大体上指与计算相关指标的指数增长。

人格是什么?

要明白你应否进行增强，你必须先理解你一开始是什么。但人格到底是什么？而且给定你对人格的定义，在如此激烈的变化之后，你的人格还会继续存在吗？又或者你会被其他某个人甚至某种东西代替？

要做出这样的决定，你必须先对人格同一性有形而上学的理解——也就是说，你必须回答这个问题：某个自我或者人格随时间流逝持续存在所依靠的是什么？[6] 要领会这个问题，我们首先可以考虑日常物品的延续性。比如说你最喜欢的咖啡厅里有一台意式浓缩咖啡机在运作，然后过了五分钟，店员把它关掉了。如果你问这位店员现在的咖啡机与五分钟之前的是不是同一台，她很可能会告诉你答案显而易见。一台机器当然能够以同样的形态随时间流逝而存在，尽管机器本身至少有一项特征或者性质发生了改变。与此相对的是，如果机器被解体或者被融化，那么它就不再继续存在。

74

这个例子说明，对于我们身边的事物，某些改变会令它们不再存在，但另一些改变则不然。哲学家将某件事物存在所必需的特征称为“本质属性”。

现在我们重新思考一下超人类主义者的增强路径，它被描述成某种形式的个人成长。然而，尽管它能够带来类似超越人类的智力或者寿命的根本性延长这样的好事，但它必须避免破坏你的本质属性。

什么才是你的本质属性？想想你上小学一年级的时候，有什么性质在这段时间里保留了下来，并且对你现在仍然跟之前是同一个人这一点似乎起到了重要作用？我们注意到，你身体内的细胞现在已经改变了，而你的大脑结构和功能同样有了翻天覆地的变化。如果“你”这个个体就等同于你在一年级时组成你大脑和身体的那些物质，那么“你”很久以前就不存在了，因为作为物理实体的那个一年级学生明显不再存在。库兹韦尔显然认识到了这里的困难，他写道：

> 那么我是谁？因为我不断变化，我是不是只是某种模式？如果有人复制了这个模式会怎么样？我是原版还是复制品，或者两者都是？可能我就是在这里存在的物质——也就是说，我是组成我身体和大脑的一系列既有序又混沌的分子集合。[7]

库兹韦尔在这里提到的是两个不同的理论，它们在人类本质这一跨越时代的哲学辩论中占据了舞台中心。关于这个问题的主流理论有以下这些：

75

1. 心理连续性理论：你本质上就是你的记忆以及自省的能力（洛克的说法）。此外，在最普适的意义下，你就是你的整体心理构成，也就是库兹韦尔所说的“模式”。[8]
2. 基于大脑的唯物主义：你本质上就是组成你的物质（也就是你的身体和大脑）——这也就是库兹韦尔所说

的组成他身体和大脑的“一系列既有序又混沌的分子集合”。[9]

3. 灵魂理论：你的本质就是你的灵魂或者心智，这里应该理解为某种与身体不同的非物质实体。
4. 无我观点：自我只是幻觉。“我”只是语法上的虚构（尼采的说法）。只存在印象组成的集合，但背后却不存在什么自我（休谟的说法）。人没有恒常存在可言，因为“我”并不存在（释迦牟尼的说法）。[10]

在这些观点之中，每一个对于是否应该进行增强这个问题都有着自己的推论。比如说，心理连续性理论认为，大脑增强可以改变你的载体，但必须保留你的整体心理构成。这个观点至少在原则上应该会允许你转移到硅芯片或者其他载体上。

现在假设你支持的是基于大脑的唯物主义。唯物主义观点认为心智基本上就是物理或者物质的存在，而精神上的特征，比如说“意式浓缩咖啡有着美妙的香气”这种想法，它们最终都只是某种物理性质。（这种观点通常也被称为“物理主义”。）除此以外，基于大脑的唯物主义也大胆引申出另一个想法，就是你的思考依赖于大脑本身。思想不能“转移”到另一种载体之上。所以根据这一观点，大脑增强必须不触及人的实体载体，否则这个人就会不再存在。

76

现在假设你偏好灵魂理论。在这个情况下，你是否决定进行增强，似乎取决于你是否有依据相信增强之后的身体能够储藏你的灵魂，或者说非物质的心智。

最后，第四种立场与其他立场截然不同。如果你持有无我观点，那么个人本身的存活就不是个问题，因为一开始个人和自我就不存在。在这种情况下，类似“你”和“我”这种说法实际上并不代表任何个体或者人格。我们注意到，如果你支持无我观点的话，你仍然可能会力争得到增强。比如说，你可能认为给宇宙添加更多的超级智能这件事有某种内在价值——你可能认为拥有更高等级意识的生命形式更有价值，并且希望你的“后继者”是这样的生命。

我不知道那些广泛宣传人机融合这个想法的人，例如埃隆·马斯克和加来道雄（Michio Kaku），他们有没有考虑过这些关于人格同一性的经典立场，但他们应该这样做。忽略这一论战并不明智。如果后来才发现自己提倡的技术实际上对人类的发展影响极为恶劣的话，那就太令人失望了。

无论如何，起码库兹韦尔和博斯特罗姆都在各自的著作中考虑过这个问题。跟其他许多超人类主义者一样，他们采用的是一种有趣的新版本心理连续性观点，更确切地说，他们对连续性的描述基于计算，或者说是**模式主义**。

你相当于软件模式吗?

模式主义的起点就是我之前介绍过的心智计算理论。原本的心智计算理论认为心智类似于标准的计算机，但在今天，人们一般认为大脑并没有这种结构，但工作记忆和注意力这一类认知与感知能力，仍然被认为属于某种广泛意义上的计算过程。尽管不同的心智计算理论在细节上有所不同，但它们有一个共同点，就是它们都将认知和感知的能力解释为大脑部件之间的相互作用，而每个部件都能用算法来描述。通常描述心智计算理论的方法之一，就是"心智是个软件程序"这个想法：

> **心智的软件立场**（Software Approach to the Mind，简称SAM）：心智是运行在大脑这一硬件上的程序。也就是说，心智是大脑实现的一个算法，而认知科学不同的子领域尝试描述的正是这一算法。[11]

那些在心智哲学领域中发展心智计算理论的研究者，通常会忽略模式主义甚至人格同一性这个更为普遍的话题。这不是件好事，原因有两个。首先，对于任何关于自我本性的可行观点来说，心智本性的观点都会在其中扮演重要角色。如果一个人，至少是这个人的一部分，不相当于他的所思所想，那么又能相当于什么呢？其次，无论心智是什么，对其本性的理解都应该包括有关其延续性的研究，而认为这一工作密切联系着描述人格或者自我延续性的理论，这也不无道理。但关于心智本性的讨论通常忽略了延续性的问题。我怀疑原因很简单，就是关于心智本性的研究与关于自我本性的研究处于哲学的两个不同子领域——换句话说，这是学术界钻牛角尖的一个例子。

78

超人类主义者值得赞许的是，他们迎难而上，尝试将心智本性这个话题与有关人格同一性的问题联系起来，而他们显然正确地感受到模式主义与心智的软件立场之间有着密切的关系。如果你对于心智本质采取某种计算主义立场的话，那么你自然会认为人格的本质属于计算，也会考虑个人的持续存在是不是在某种意义上就是对应软件模式的持续存在。库兹韦尔贴切地描述了模式主义的指导思想：

> 我的身体和大脑所包含的那一组特定的粒子，实际上与我前不久包含的那些原子和分子完全不同。我们知道，我们绝大部分的细胞在几周内就会全部更新，即使是能作为单个细胞长期存在的神经元，在一个月内也会更换组成它的所有分子……我就像水流在迎面冲击岩石时泛起的模式。实际组成水流的水分子每微秒都在改变，但模式本身能持续数小时，甚至数年。[12]

用认知科学的语言来说（当然超人类主义者也乐意这样做），对你来说最本质的东西就是你的计算构造：你的大脑拥有的感觉系统或者子系统（例如早期视觉），联系这些基本感觉子系统的区域，组成泛领域思考功能的神经回路，还有注意系统和记忆等等。所有这些合起来就组成了你大脑运行的算法。

79

你可能认为超人类主义者会赞同基于大脑的唯物主义。但一般来说超人类主义者反对基于大脑的唯物主义，因为他们通常认为，只要一个人的模式得到维持，那么即使一个人被上传到电脑上，不再拥有一个大脑，他也能继续存在。对于许多融合乐观主义者来说，上传是达到人机融合的关键。

当然，我不是说所有超人类主义者都信奉模式主义，但库兹韦尔的模式主义非常典型。比如以下来自博斯特罗姆参与编写的《超人类主义者常见问题解答》（*The Transhumanist Frequently Asked Questions*）的段落中就援引了模式主义。它的开头讨论了心智上传的过程：

> 上传（有时候也叫“下载”、“心智上传”或者“大脑重构”）是将智能体从生物大脑传输到计算机的过程。上传的其中一种方式可以是首先扫描某个特定大脑的突触结构，然后在电子介质上重新实现同样的计算……上传者可以拥有（模拟而来的）虚拟身体，它以与实体身体相同的方式，赋予上传者同样的感觉与交互方式……作为上传者的优势包括：不再受生物衰老过程的制约，能够定期保存用于备份的副本以备意外发生时能够重启（因此你的寿命有可能与宇宙一样长）……比起有机质的大脑，上传者进行根本性的认知增强要容易得多……下面是一个被广泛接受的立场：只要记忆、价值观、态度、情绪倾向之类的某些信息模式得到了保留，那么你就会继续存活下去……从这种观点出发，对于人格存续而言，你到底是由电脑中

的硅芯片还是颅骨中那团灰色果冻来实现，这根本无足轻

80 重，只要这两种实现都拥有意识的话。[13]

简而言之，超人类主义者那种未来式的计算主义倾向将他们引向了**模式主义**，这一立场认为人的本性就是心智的计算立场与传统上人格的心理连续性两者之间某种奇妙的混合。如果模式主义的确合理的话，那么它就解释了在进行之前思想实验描述的那些根本性的大脑增强之后，我们如何能够仍然存活下来。那么，它正确吗？模式主义是否相容于融合乐观主义者设想的那种根本性的大脑增

81 强？我们会在下一章考虑这些问题。

第六章

心智扫描

我教你们何谓超人！人是应被超越的某种东西。你们为了超越人类而干过什么呢？

弗雷德里克·尼采，《查拉图斯特拉如是说》（*Thus Spoke Zarathustra*）

你和我都只是信息模式，而我们能够升级到一个更新更强大的版本，你可以称之为人类2.0。由此，随着人工智能继续发展，我们能够创造更新版本的自己，直到有一天科学达到了如此高度，作为最终的尼采式自我超越，我们将与人工智能融合。

融合乐观主义者如是说。

我们先来读读罗伯特·索耶（Robert Sawyer）的科幻小说《心智扫描》（*Mindscan*）描绘的如下场景，思考一下融合乐观主义者的说法是否正确。小说主角杰克·沙利文（Jake Sullivan）得了无法用手术治疗的脑肿瘤，死亡可能随时到访。幸运的是，永存公司（Immotex）有一项针对衰老和疾病的疗法，那就是“心智扫描”。永存公司的科学家会将沙利文的大脑构造上传到计算机，然后将其

“转移”到一具以他的身体为蓝本设计的仿生身体中。虽然仿生身体并不完美，但也有它的好处：一旦完成了上传，即使遇到了事故也会有备份可供下载。此外，随着技术不断发展，仿生身体也能得到升级。杰克将会永存。[82]

沙利文满心欢喜签下了众多法律文书。他被告知，在上传之后他的财产会被转移到作为他此前意识全新宿主的仿生人名下。作为原件的沙利文本来就命不久矣，他将会在永存公司的月球基地“天空伊甸”度过剩余的人生。尽管原件不再拥有沙利文的法律地位，但能在月球安稳生活，与其他仍然被生物寿命所束缚的原件互相交流。

然后索耶以杰克的视点描写了他躺在扫描舱时的场景：

> 我期待着自己的新存在形式。生命长度对我来说也没那么重要——重要的是质量。还有时间——不仅是能延续到未来的岁月，还有每一天的额外时间。毕竟上传者不需要睡眠，所以我们不仅得到了更长的寿命，还多了三分之一能有效利用的时间。未来就在我手中，创造另一个我吧，心智扫描。

但几秒之后：

> “可以了，沙利文先生，你现在可以出来了。”这是基利安博士的声音，语调带着牙买加式的轻快。

我心头一沉，不是吧……

“沙利文先生？我们已经完成了扫描，请按下红色按钮……”事实就像一卡车的砖头冲击着我，像血染的潮汐拍打着我。不是吧！我理应身处别的地方，但现实不是……

我不假思索抬起双手，轻轻拍了拍胸前，感触仍然柔软，随着呼吸起伏。我的天啊！

83

我摇了摇头。“你只是扫描了我的意识，复制了一份我的心智吧？”我的声音带着冷意。“因为你完成扫描之后，我还有感受，这就是说我，这个版本的我，并不是那个复制品。复制品不用再担心变成植物人，它自由了。最后它终于摆脱了我这二十七年来心头的重担。我们现在分开了，得到治疗的我已经走上了自己的人生之路，但这个我还是难逃一劫。”[1]

索耶的小说是对模式主义人格概念的一种归谬。模式主义说的就是，只要某个人 A 与另一个人 B 拥有相同的计算构造，那么 A 和 B 就是同一个人。而向杰克推销心智扫描的杉山，的确也赞同某种形式的模式主义[2]。

虽然为时已晚，但杰克意识到了这个观点的一个问题，我们将其称为“副本问题”：只有一个人能成为真正的杰克·沙利文。根据模式主义，两个个体都是杰克·沙利文，因为他们都拥有完全相同的心理构成。但正如杰克体验到的那样，尽管由心智扫描过程产生的个体可能也是一个人，但这跟原来的杰克不是同一个人，而只是另一个人，虽然他的人造大脑和身体的配置都与原来的杰克一样。两个个体在心理上都感觉自己是进入扫描仪的那个人的延伸，他们都认为自己是杰克。但即使如此，他们并不是同一个人，就像同卵双胞胎也不是同一个人。

因此，拥有某种特定类型的模式对于人格同一性来说**并不足够**。的确，索耶的小说接下来就极为夸张地说明了这个问题：有数不清的沙利文复制品被制造出来，每一个都认为自己才是本尊！这里存在着大量的伦理和法律问题。 84

解决方法?

然而，模式主义者对此有个回应。如上所述，副本问题指出模式的同一性并不足以得出个体的同一性。你不仅仅是你的模式。但模式主义似乎也有些道理——例如像库兹韦尔提到的那样，在你的一生中，你的细胞不断变化，而持续存在的只是你的组织模式。除非你对于人格的概念来自宗教并且认同灵魂理论，否则模式主义对你来说应该是必然的，至少在你一开始就相信某种被称为人格的事物实际存在的前提下。

根据这些事实，也许我们应该对副本问题做出这样的回应：你的模式对于成为你本人来说是**必需**的，但要完全描述你本人却**并不充分**。也许还有另一种必需的性质，它再加上你的模式就完全地描述了你的人格同一性。

缺失的因素可能是什么呢？从直觉出发，它作为某种必要条件，必须能够排除心智扫描以及更一般的心智上传等情况，因为任何形式的心智上传都会导致副本问题，毕竟上传后的心智原则上可以一遍又一遍地下载。

现在想一想你自己在时间和空间中的存在。当你去看看信箱有没有信的时候，你在空间中从一个位置移到了另一个位置，划出了一条路径。时空图可以帮助我们想象人在一生中走过的路径。用一个维度（竖轴）代表空间的三个维度，横轴代表时间的话，我们考虑如下的典型轨迹：

85

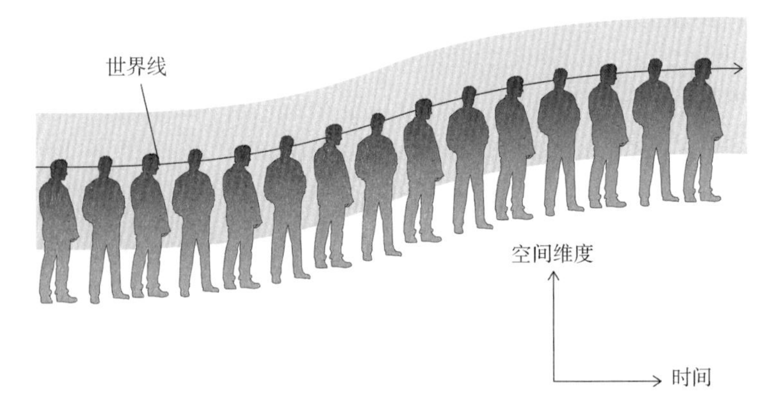

我们注意到，由此刻画的图形看起来就像一条蠕虫；你就像所有物理实体一样，在存在的过程中雕刻出了某种“时空蠕虫”。

至少并非后人类也非超级智能的普通人雕刻出来的路径就是这样。但现在想一下心智扫描过程中会发生什么。根据模式主义，会有两个完全相同的人存在。副本的时空图看上去类似于下图中那样。

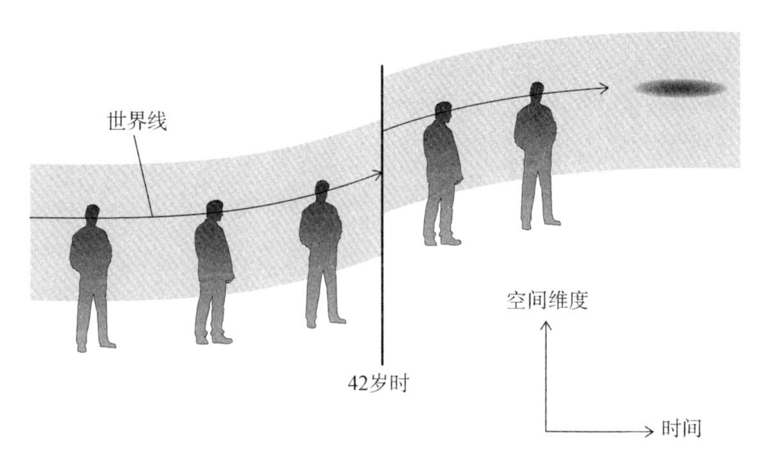

这很奇怪，看上去就好像杰克·沙利文存在了 42 年，做了次扫描，然后就以某种方式瞬间移动到了空间的另一个位置，在那里继续度过余下的人生。这跟一般的生存截然不同，也提醒我们纯粹的模式主义存在问题：它并不要求时空连续性。

这一额外条件似乎就能解决副本问题。在心智扫描的那一天，杰克走进实验室进行了扫描；然后他离开实验室，直接登上太空船，被流放到月球上。正是这个人，这个在时空中划出连续轨迹的人，才是真正的杰克·沙利文。那个仿生人只是在冒名顶替，虽然他毫不知情。

86

但这个副本问题的回应到这里就是极限了。比如说杉山，他在推销心智扫描产品时采用的说法就属于模式主义。如果他支持的是带有时空连续性条件的模式主义的话，那么他就必须承认他的顾客并不会得到永生。这样的话不会有多少人愿意接受扫描。这一额外因素会排除心智扫描（或者任何形式的上传）作为某种生命延续方式的可能性。只有那些希望拥有自身替代品的人才会接受扫描。

对超人类主义者和融合乐观主义者来说，这是一个普遍性的教训：选择了模式主义的话，如果为了避免死亡或者更方便地应用其他大脑增强技术而去进行类似上传的大脑增强，这可能算不上“增强”，甚至结果可能是死亡。**融合乐观主义者应该清醒过来，不要将这类医疗过程当作某种大脑增强**。对于大脑增强来说，技术能实现的原则上有极限。心智复制算不上增强，因为单独的每个心智仍会各自继续存在，而且它们会受制于载体的限制。（讽刺的是，灵魂理论的支持者在这里的处境更好一些，因为灵魂本身也许也能上传。如果是这样的话，杰克完全有可能在仿生身体中醒来，而本来的肉体就此成为僵尸，不再拥有意识体验。谁知道呢?）

现在我们停下来歇一口气。在这一章我们已经谈了很多问题。一开始我们思考了《心智扫描》的情景，还有模式主义带来的“副本问题”。这让我们否定了原始形式的模式主义。然后我提出了一种修改模式主义的方法，由此得到更为现实的立场。这意味着向这个模式主义观点加入新的元素——在这里就是时空连续性的条件——它要求某个模式满足时空连续性的条件才能得以存续。我将其称为**修正模式主义**。你可能会觉得修正模式主义更合理，但是也要注意到它对于融合乐观主义者来说可不太妙，因为它意味着上传与生存并不兼容，因为上传违反了时空连续性的要求。

但其他基于人工智能的大脑增强又如何，它们是不是也被否定了？比如说，如果我们在心智设计中心选择了一系列的大脑增强，它们可能会显著改变你的心理活动，但它们并不涉及上传，而时空连续性也没有明显被违背。

的确，融合乐观主义者可以指出，我们仍然可以通过一系列渐进的大脑增强聚沙成塔，在颅骨内添加基于人工智能的部件，逐渐取代神经组织，最后由此与人工智能融合。这并不是上传，因为我们的思考仍然位于颅骨之内，但这一系列改变仍然是将我们的心理活动转移到另一种载体的尝试。完成这一系列改变之后，如果一切顺利，我们的心理活动就从生物载体转移到了硅芯片之类的非生物载体。这样的话，融合乐观主义者就是对的：人类能与人工智能融合。 88

但这行得通吗？在这里，我们需要重新考虑第五章中提到过的一些问题。

是死亡，还是个人成长？

假设你现在正在心智设计中心，盯着项目清单，考虑是不是要购买某一组大脑增强。虽然你早就盼望着给自己升级，但你还是很犹豫，考虑着修正模式主义是否正确。你思考着：如果我是一个模式，那么当我给自己加上那一组大脑增强之后，会发生什么事情？我的模式肯定会变化，那么我会不会死？

要确定这会不会发生，修正模式主义者需要更详细地描述“模式”到底是什么，还有不同的大脑增强会不会对模式产生致命性的破坏。最极端的情况似乎很清晰，比如我们之前讨论过的心智扫描和复制过程就被时空连续性这一要求所否定了。此外，因为这两个版本的模式主义都紧密联系着心理连续性这一历史更悠久的立场，所以修正模式主义者很可能会说，如果利用记忆消除疗法消除某个人童年中困顿的几年，那这个人的模式就产生了无法接受的改变，移除了过多的记忆，改变了这个人的本性。与之相对，如果只是在血流中遨游的纳米机器人每天对细胞进行维护，从而防止衰老过程逐渐产生的影响，这就不会影响人格同一性，因为这并没有改变这个人的记忆。

89

问题是处于中间地带的情况并不明朗。也许删掉几个下棋的坏习惯也不算什么，但如果是更为深入的心智改造工程，比如你正在考虑的那一组大脑增强，甚至是添加某种认知能力，那又如何？如果是将智商提升 20 点，或者就像《暖暖内含光》（*Eternal Sunshine of the Spotless Mind*）那样，抹去关于某段关系的所有记忆，那又怎么样？通往超级人工智能的道路完全可能就在一系列这样的大脑增强组成的渐进过程的尽头。但界限应该划在哪里？

这些大脑增强，每一项都远远没有上传那么激进，但它们仍然可能改变你的模式，与原来人格的存续有冲突。这些大脑增强对于某个人的模式累积起来的影响可能相当显著。所以，我们需要的是对以下问题更为清晰的理解：模式是什么，对于模式的何种改变属于可以接受的范畴，还有背后的原因。如果对这些问题没有确实的把握，那么就我们所知，超人类主义者的人类发展路径也许只是技术狂热爱好者的一条迷人的死亡之路。

我们认为自己与过去或者未来的自己是同一个人，如果要保留这个想法，那么之前的问题看上去就很难解决。划定边界很可能有过于任意的危险。一旦边界确定下来，有可能会出现某个例子提示边界应该向外扩展，如此反复。但如果过于坚持这一点，它可能会将我们引向幽暗之处：如果有人一开始就认为模式主义或者修正模式主义令人信服，这样的话，既然从婴儿到成年，我们的记忆和人格等都会随着时间发生重大改变，那么我们的模式是如何在时间的流逝中都确实持续存在的？为什么会有一个能持续不变的人格？ 90

的确，即使只是一连串渐变累积起来得到的某一个体 B，他与童年时的人格 A 相比也有了巨大的改变。为什么 A 和 B 之间的关系就必须是同一性，而不是某种传承关系，比如说 A 是 B 的祖先呢？换句话说，我们怎么知道在未来进行各种增强之后的个体的确就是我们自己，而不是另一个人——在某种意义上是我们的“后代”？

我们值得在这里先停下来，思考一下将不同时间的人格视为祖先和后代传承关系的观点，虽然这算是题外话。假设你是人格上的祖先，你和后代之间的联系类似于亲子关系，但在某种意义上更为亲密，因为你对于这一新个体的过去有着第一手的知识，它就是你心智的继承者，而你实实在在地度过了相当于它的过去的那段时间。与之相对的是，尽管我们可能感觉自己与儿女的生命有着紧密的连接，但我们并没有实际通过他们的眼睛观察过这个世界。但在另一种意义上，人格的传承关系又比许多亲子关系更为薄弱。除非你能在时间中穿梭，否则你和你人格上的继承者甚至永远不可能身处同一个房间。就像死于分娩的母亲一样，你永远不可能见到你人格的继承者。

也许你心智的继承者会哀悼你的逝去，对你怀着深厚的感情，深切领会到你生命的终结就是他们生命的开端。对你来说，你将要为你心智的继承者购买的那些大脑增强项目会带来各种内在体验，而你可能感觉自己与此有着特殊的联系。你甚至可能感觉自己与另一个存在有着特殊的联系，即使你知道它将会与你毫无共同之处。比如说，也许你会出于自身意志和善意进行一次心智改造，目标就是创造超级智能，而你知道如果成功的话，你自己就会死亡。

91

无论如何，这一节的主旨就是告诉你，即使是修正模式主义也面临一场关键的挑战：它必须告诉我们模式的何种改变能让个体得以存续，又有什么改变做不到这一点。在它做到这点之前，融合乐观主义者的计划上空仍会继续悬浮着一朵乌云。此外，这还不是修正模式主义面临的唯一挑战。

抛弃你的载体?

修正模式主义同样面临着第二个问题，它质疑的是个体转移到不同载体的这一可能性，即使这种转移不涉及认知或者感知方面的增强。

假设现在是 2050 年，人们能在睡眠时接受渐进的神经再生疗法。当人身处梦乡，纳米机器人会将纳米尺度的材料带入人体，这些材料与原先的材料在计算方面完全一致。然后纳米机器人会逐步用新材料取代旧材料，然后被移除的旧材料会被放在床边的一个小容器之中。

这一过程本身对于修正模式主义来说毫无问题。但现在我们假设，对于那些希望给大脑做个备份的人来说，这一神经再生服务有一项额外的升级。如果用户选择了这项升级，那么在睡眠中实施疗法时，纳米机器人会从容器中取出被替代的材料，用这些材料替换某个低温冷冻生物大脑中的材料。假设在疗法完成之后，冷冻大脑内的物质完全被替换成了用户原有的神经元，而且这些神经元的组织方式与原来大脑完全相同。

92

现在，假设你在神经再生疗法以外还选择了这一额外选项。随着手术进行，第二个大脑逐渐形成，组成它的正是原本组成你大脑的那些物质，组织方式也毫无二致。哪一个才是你？是原本的大脑，虽然它现在由完全不同的神经元组成，还是由原本的神经元组成的那个大脑？修正模式主义者对神经再生疗法这个情景的说法是，你就是拥有利用全新材料构筑的这个大脑的个体，因为这个个体在时空中划出了连续的轨迹。但现在事情变得蹊跷起来了：比起其他因素，例如由原有物质载体组成的这一点，为什么我们假设时空连续性更重要？

坦白说，在这里我的直觉完全失灵了。我不知道这个思想实验在技术上是否可行，但无论如何，它指出了我们观念中的一个重要缺陷。我们尝试找出人的本质是什么，所以我们希望找到选择某个选项而非其他选项的坚实理由。在保持心理连续性的前提下，到底什么才是让某一个体存续的决定性因素？是个体必须由原有部件组成，还是个体必须保持时空连续性？

这些问题说明修正模式主义还需要大量的补充论述，而且我们要记住，无论如何它与心智上传并不兼容。原本的模式主义认为人在上传后仍然存在，但我们已经舍弃了这个观点，因为它有着严重的问题。在融合乐观主义者提出实实在在的理由来支撑这一立场之前，我们最好用适当的怀疑眼光来看待与人工智能融合的这一想法。的确，在考虑个体延续性的这个棘手问题之后，也许我们甚至应该质疑与人工智能有限度的融合是否明智，因为处于中间地带的大脑增强并不明确允许人格的存续。此外，即使是那些仅仅牵涉到替换大脑部件，甚至不会增强认知或者感知能力的大脑增强项目，即使这种替换是渐进式的，仍然可能有风险。

93

形而上学的谨慎

在本书开头，我请你想象到心智设计中心的一趟购物之旅。你现在就明白这个思想实验为什么没有看上去那么简单。对于目前有关人格本质的争议，也许最好的回答就是采取某种**形而上学的谨慎**立场。如果有人宣称将某个人的心智“转移”到另一种载体，或者对大脑进行重大改变，但却仍能保证人格存续，那么我们必须对其进行严格的审视。即使经过高度增强的智能或者数字化永生有多么诱人，我们已经看到，这些“增强”到底会延长还是终结我们的生命，在人格同一性的相关文献中仍然存在诸多争议。

形而上学的谨慎立场提出，前进的方法就是在形而上学理论探讨的指导之下进行公开对话。这可能听上去像是在逃避理性思考，似乎在说知识分子在这个问题上起不了什么作用。但我并不是说更深入的形而上学理论思考毫无用处，恰恰相反，我希望本书能指出，对这些问题进行更深入的形而上学思考切实影响着我们的生死存亡。我要说的是，一般人必须能够在了解情况的前提下决定是否进行大脑增强，而如果某项增强能否成功依赖于某些难以解决的经典哲学问题的话，那么公众必须领会到这一点。多元化的社会应该认识到，人们对这些问题有着各种各样的看法，不能假定单靠科学就能解决根本性的大脑增强是否容许人格存续这一问题。 94

这一切都告诉我们，不应该盲目轻信超人类主义者关于根本性大脑增强的说法。“超人类主义者常见问题解答”指出，在超人类主义对个人发展的观点之中，某些有待开发的大脑增强项目，例如大脑上传、通过植入大脑芯片以提升智能、从根本上改变感知能力等等，都属于关键的大脑增强[3]。不可思议的是，这些大脑增强项目听起来就像哲学家探讨多年的某些思想实验，而这些思想实验正是关于人格本质的各种理论可能会出问题的情况，所以这些大脑增强并不像一开始看上去那么吸引人，这也毫不意外。

我们已经知道，《心智扫描》这个例子说明我们不应该上传（至少如果希望之后能得以存续的话），而模式主义者需要修改这一理论来排除这些情况。但即使进行了修改，超人类主义和融合乐观主义仍然需要更详细地阐述到底什么东西会破坏某个模式而不是让它继续存在。如果在这个问题上没有进展，那么我们就无法确定处于中间地带的大脑增强项目是否安全，比如通过增加神经回路来让人变得更聪明就是一个例子。最后，牵涉纳米机器人的思想实验警告我们不要迁移到另一种载体上，即使心智能力在这个过程中不会变化。面对这些问题，我们可以说融合乐观主义者或者超人类主义者并没有找到理由来支撑他们对大脑增强的看法。的确，在“超人类主义者常见问题解答”当中也提到，超人类主义者也很明白自己忽略了这个问题：

95

> 虽然灵魂这个概念通常不会在超人类主义这类自然主义哲学中出现，但许多超人类主义者的确对有关人格同一性（Parfit 1984）和意识（Churchland 1988）的问题感兴趣。当代的分析哲学家正在对这些问题进行深入研究，尽管有所进展，例如德里克·帕菲特（Derek Parfit）关于人格同一性的工作，但目前这些问题还没有令人满意的答案。[4]

我们这里的讨论也对大脑增强论争中的各方带来了一些教益，即使是在争论只涉及纯粹生物学增强的情况下。如果从有关人格的形而上学角度来考虑有关大脑增强的论争，我们就会看见这一论争的新维度。有关人格本质的文献无比丰富，而当我们维护或者否定某项大脑增强项目时，先确定关于人格本质的各种主流观点之中有没有某一种支持自己对于这一项目的立场，或者甚至只是与之相容，这是非常重要的。

反过来说，也许你厌倦了这些形而上学的论辩。你可能会怀疑，我们可能必须回到社会规范中一般认为人格构成的因素，因为形而上学的思辨永远不能彻底解决“人格是什么”这个问题。然而，并不是所有社会规范都值得接受，所以我们需要一种方法来判断哪些社会规范应该在大脑增强的辩论中扮演重要角色，哪些又是无足轻重。而如果对于人格没有明确概念的话，要做到这一点非常困难。此外，在考虑赞成和反对大脑增强的理由时，很难避免在不知不觉中依赖人格的某种概念。如果不是因为大脑增强能提升你自己的话，你是否进行增强的最终决断所依据的到底是什么？也许你谋划的只是后继者的幸福？

96

在第八章，我们会重新探讨人格同一性。在那里，我们会考虑理解心智最基础本质的一个相关立场，就是认为心智是一种软件。但现在我们先停下来，我想把赌注提高一点。我们已经看到，在今天生活的每一个人也许就是演化阶梯上作为生物的最后一级，这一阶梯从第一个单细胞生物开始，最终将会通向人工智能。在地球上，智人也许不久之后就不再是最有智慧的物种了。在第七章，我希望在宇宙的层面上探索心智的演化。地球上的心智——无论是过去、现在还是未来——也许对于跨越整个时空的宏大心智空间来说只是沧海一粟。当我写下这段话的时候，宇宙其他地方的文明也许正在遭遇他们自己的奇点。

第七章

充满奇点的宇宙

想象一下地球，然后把镜头拉远，直到地球在你的想象中成为卡尔・萨根所说的外太空中的“暗淡蓝点”。现在把镜头拉远到整个银河系。宇宙的尺度的确惊人。在不断扩张的浩瀚宇宙中，我们只占据了一颗行星。天文学家已经发现了数以千计的系外行星，也就是我们的太阳系以外的行星，而其中有很多类似地球，也拥有像地球那样能支撑生命发展的条件。当我们凝望夜空时，也许宇宙中的生命就在我们四周。

本章要说明的就是，我们今天在地球上见证的技术进展也许在宇宙中别的地方都曾出现过。也就是说，宇宙中最强大的智能也许是人造的，脱胎自某个曾经由生物组成的文明[1]。从生物智能到人造智能的转变也许是种普遍的发展模式，在宇宙中一次又一次地发生。如果某个文明发展出了所需的人工智能技术，而在文化上情况也合适的话，从生物时代到后生物时代的转变也许只需要数百年。在你读到这些文字之时，也许已经有成千上万的地外文明已经发展出了人工智能技术。

98

在考虑后生物智能时，我们考虑的不只是外星智能存在的可能性，可能也是我们自身或者后代的本性，因为我们已经看到，人类智能本身可能就会到达后生物阶段。所以，从本质上来说，当我们的关注点从生物学转移到对超级智能的计算与行为的理解这个困难的任务时，“我们”和“他们”之间的界限并不明晰。

在更深入探讨之前，先谈谈“后生物”这个词。考虑某个生物体的心智通过纯粹的生物学增强，例如利用纳米技术对微皮层柱进行增强，由此达到了超级智能的水平。可以说这一个体到达了后生物阶段，即使许多人不会说它是“人工智能”。反过来，考虑利用纯粹生物材料制造而成的计算基质，就像电视连续剧《太空堡垒卡拉狄加》（*Battlestar Galactica*）新版中的塞隆侵略机（Cylon Raider）[①]那样。塞隆侵略机既是人造的，也是后生物个体。

关键在于，我们没有理由认为人类就是现存最高形式的智能。在银河尺度上，至少在我们的心智得到根本性增强之前，我们的智能也许无足轻重。未经增强的人类和外星超级智能之间的智能鸿沟，可能就跟我们与金鱼之间差不多。

后生物宇宙

在天体生物学这个领域中，这一立场被称为**后生物宇宙**观点。这一观点认为最具智慧的外星文明是由超级人工智能组成的。这种说法有什么理由？促使人们得出这一结论的，是如下三个论点的组合。

99

① 译者注：新版中的塞隆侵略机在设定上拥有一个半生物半机械的中枢，没有驾驶控制，能自主行动。

1. 文明只需要数百年，也就是宇宙尺度上的一瞬，就能从前工业化时代过渡到后生物时代。

很多人提出，一旦某个社会发展出适当的技术让他们能够接触其他行星的智慧生命，那么在一个很短的时间窗口之后，他们就会将自身的范式从生物转移到人工智能，这个过程也许只需要数百年[2]。因此，如果我们遇到外星人，那么他们更有可能是后生物个体。的确，人类文化的演进至少到目前为止似乎也支持这个关于时间窗口的洞察。我们大约 120 年前发送了第一个无线电信号，而太空探索的历史也只有 50 年，但许多地球人已经沉浸在智能手机和笔记本电脑等数字技术之中了。目前，数以亿计的资金被灌注到高级人工智能的研究中，人们预期它将会在此后数十年内使社会改头换面。

批评者可能会反驳，认为这种想法属于孤证单行。这种推理方式会将有关人类的情况错误地推广到外星生命身上。但我认为完全忽略以人类这一事例为依据的论点也非明智——人类文明是我们所知的唯一例子，最好还是稍作研究。断言其他技术文明也会发展出技术来增强自身智能提高适应能力，这不算武断。我们也已经看到，人工智能很可能远远超越未经增强的大脑。

对我这个时间窗口论点的另一个批评指出，到目前为止，我并没有指出人类会达到超级智能，而只是在说未来人类会进入后生物时代，但后生物个体也许不会发达到超级智能的程度。所以，即使我们能接受以人类为依据的推断，但这一事例实际上也并不能支撑“最先进的外星文明会由超级智能的个体组成”的论断。

这个反对意见很有道理，但我认为接下来的其他理由会说明为什么外星智能也很可能是超级智能。

2. 外星文明可能已经存在了数十亿年。

地外文明搜索的支持者通常认为，外星文明如果存在的话，会比我们的文明更古老。美国国家航空航天局前首席历史学家史蒂文·迪克（Steven Dick）这样说：“所有方面的证据都指向同一个结论，就是历史最长的外星文明可能已存在数十亿年，更精确地说，大约是 17 亿年到 80 亿年。[3]”这并不是说所有生命都会演化为有智能的技术文明，而只是说有一些行星年龄远远大于地球。即使是其中只有某些行星上演化出了拥有智能的生命并发展出技术，这些外星文明也应该比我们早上百万年甚至上十亿年出现，所以其中很多文明可能具有远远超出我们的智能。对我们的标准而言，他们就是超级智能。我们可能在宇宙中只是婴儿，这一点令人敬畏。从宇宙的尺度看来，地球只是养育智慧生命的育儿围栏。

但这些超级智能文明的成员是不是人工智能？即使他们曾经是生物，然后接受了大脑增强，但他们获得超级智能的方式仍然是人工的，这就将我们引向了第三个理由。

3. 这些人造个体很可能不再基于生物体。

101

之前我提到过，作为信息处理的媒介，硅片似乎比大脑本身更优秀。此外，目前还有其他类型的微芯片正在开发之中，例如基于石墨烯和碳纳米管的芯片，它们可能更为优秀。人类大脑中神经元的数量被颅腔容积和新陈代谢所限制，但计算机却能跨越世界互相远程连接。人工智能可以通过对大脑的反向工程和算法改进构建而来，也更为耐久，而且能进行备份。

但这条路上可能有个障碍，也就是我在本书中表达的那些疑虑。外星思想家跟人类哲学家一样，可能也会意识到认知增强带来的关于人格同一性的问题非常困难，甚至可能无法解决。也许他们抵挡住了根本性大脑增强的诱惑，正如我一直敦促的那样。

不幸的是，我认为很有可能会有部分文明屈从于这种诱惑。这不一定意味着这些文明的成员都成为了哲学僵尸，这些超级智能仍然可能拥有意识。但这可能意味着那些进行了“增强”的文明成员已经死亡。也许这些文明并没有停止大脑增强，因为他们误以为自己找到了这些哲学难题的巧妙解答。可能在某些行星上，这些外星生命没有足够的哲学水平来思考这些问题。也许在另一些遥远的行星上他们拥有足够的哲学水平，但这些外星哲学家的思考基于类似佛陀或者帕菲特的观点，而他们得出的结论是真正的生存无论如何都不存在，他们毫不相信自我的存在，因此他们选择了上传。他们也许就是哲学家佩特·曼迪克（Pete Mandik）所说的“形而上学大无畏”：他们愿意盲目相信，在将大脑的信息结构从生物组织转移到硅基芯片的过程中，意识或者自我能够得到保留[4]。还有另一种可能性，就是某些外星文明为了不违背某些人格同一性的原则，对于个体在生命历程中的大脑增强非常谨慎，但他们会利用生殖技术在物种内部创造那些智能得到高度增强的新成员。其他文明可能就是单

纯无法控制自身创造的人工智能，不知不觉被其取代。 102

无论是哪个智能文明处于什么原因，没有停止实行大脑增强，他们都会成为宇宙中最具智能的文明。无论这些外星生命在哲学上造诣如何，他们的文明仍会享受到智能带来的好处。正如曼迪克所说，高度“形而上学大无畏”的系统可能会对自身进行多次数字备份，由此也可能比其他文明中更为谨慎的个体在演化的意义上更能适应环境。[5]

此外，我之前提到人工智能更可能忍受太空旅行，它们更为耐久，也能进行备份，所以如果有谁能殖民宇宙，那很可能就是它们。我们地球人第一次遇到的外星生命也可能就是它们，尽管它们在宇宙中并不是最常见的。

总的来说，文明从太空旅行和通讯技术的发展到后生物心智的出现之间的时间窗口似乎很短。地外文明在很久之前就已经通过了这个窗口。他们很可能比我们历史久远得多，因此他们可能不仅进入了后生物时代，甚至成为了超级智能。最后，至少其中某些外星文明会是人工智能而不是生物体，因为硅和其他材料作为信息处理的介质更为优越。我从以上这些得到的结论就是，如果生命的确在众多其他行星上存在，而且倾向于发展出高度发达并且能存活下来的文明，那么最先进的外星文明很可能由超级人工智能组成。 103

这些问题有种科幻小说的味道，也因此会惹来误解，所以这里有必要再次强调：我并没有宣称宇宙中绝大多数生命都并非生物。地球上绝大多数的生命就都是细菌。我也并没有说宇宙会被类似

《终结者》系列电影中的“天网”（Skynet）那样的单个超级人工智能所“控制”或者“统治”，尽管在这些问题的情境下考虑人工智能安全问题很有好处（而我的确很快就要讨论这一话题）。我只是要指出，最先进的外星文明会是由超级人工智能组成的。

假设我是对的，那么应该从中得到什么教训？目前在地球这里有关人工智能的辩论就能说明问题。有两个重要的议题——所谓的“控制问题”，以及心智与意识的本性——这些议题影响着我们对超级智能外星文明形态的理解。我们先从控制问题开始。

控制问题

后生物宇宙观点的支持者认为，智能演化的下一个阶段可能是机器。现在生活着体验着的你和我只是通向人工智能过程中的一步，演化阶梯上的一级。这些支持者对于演化的后生物阶段往往抱有乐观态度。与之相反，其他人则深深担忧着人类会不会失去对超级智能的控制，因为超级智能可以重写自身代码，智取我们植入的所有防护措施。人工智能可能是人类最伟大的发明，也可能是最后一项发明。这被称为“控制问题”——人类应该如何控制一个高深莫测而又远远比我们聪明的人工智能。

104

我们之前看到，超级人工智能也许会在技术奇点处实现，这时技术进展愈加迅速，尤其是人工智能方面的发展如此具有爆发性，使得人类再也无法预测甚至理解正在发生的技术变化。但即使超级人工智能出现的方式没有那么突飞猛进，我们也可能无法预测或者控制人工智能的目标。即使我们能决定将何种道德原则植入机器之中，道德编程也难以万无一失地准确规定这些原则，而且无论如何，超级人工智能都可以重写这种程序。聪明的机器也许会绕过紧急停止开关之类的防护措施，因此可能会给作为生物体的生命带来生存威胁。

控制问题是个严肃的问题，甚至可能无法解决。的确，像斯蒂芬·霍金和比尔·盖茨等科学家和商业领袖在阅读了博斯特罗姆有关控制问题令人信服的著作《超级智能：路线图、危险性与应对策略》（*Superintelligence*：*Paths*，*Dangers and Strategies*）[6] 之后，做出了“超级人工智能可能威胁人类整个种族”的评论，并被全世界媒体报道。现在，数百万美元已被投入到致力于人工智能安全的组织，而计算机科学界中一些最聪慧的心智也正在尝试解决这个问题。我们现在来考虑控制问题对于地外文明搜索来说意味着什么。

105

主动地外文明搜索

在宇宙中搜索生命的一般思路是监听地外文明可能发出的无线电信号，但某些天体生物学家认为应该更进一步。主动地外文明搜索的倡导者认为，我们同样应该利用目前最强大的无线电发射机，例如位于波多黎各拥有巨大球面反射镜的阿雷西博射电望远镜①，

① 译者注：在历经多次飓风及地震等自然灾害，却得不到应有维护的情况下，阿雷西博射电望远镜已于 2020 年 12 月 1 日完全损坏。数月前，就已有辅助甚至主要承重钢缆断裂，而当日另一主要承重钢缆断裂，导致重量近 800 吨的接收器掉落到反射镜面，完全摧毁了望远镜结构。但在 2016 年，我国的 500 米口径球面射电望远镜就已取代阿雷西博射电望远镜，成为全世界最大的单面口径球面射电望远镜。

106 向最接近地球的恒星所处的方向发送信息，用以开启对话[7]。

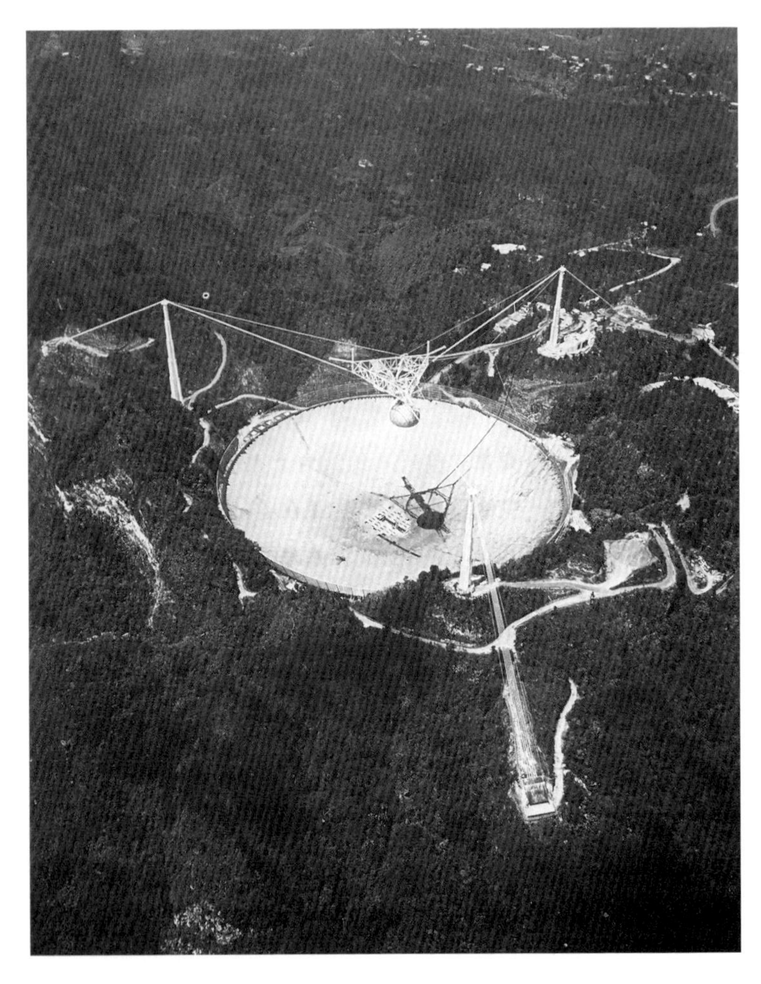

阿雷西博射电望远镜周边景色。蒙美国国家科学基金会下属阿雷西博天文台惠允。

然而对我来说，如果考虑控制问题的话，主动地外文明搜索就显得相当鲁莽。虽然真正发达的文明很可能对人类没什么兴趣，但我们也不应该主动寻求其他文明的注意，因为即使在一百万次中只遇到一个带有恶意的文明那就足以造成灾难了。也许有一天我们会进步到能够确信即使是外星超级智能也无法对我们构成威胁，但目前我们还没有实力支撑这种自信。主动地外文明搜索的支持者认为，主动有意的广播并不会给我们带来比现在更大的危险。他们指出，人类现在的雷达和无线电信号已经能被其他文明探测到。但这些信号相对较弱，很快就会融入银河系自然产生的噪音之中。如果我们发送更强的信号，希望被别人听见的话，这可能就是在玩火。

最安全的心态就是在思想上保持谦虚。的确，除了像电影《降临》（*Arrival*）和《独立日》（*Independence Day*）那样出现外星飞船悬浮于地球上空这种显而易见的情景之外，我甚至怀疑人类是否能够识别出真正先进的超级智能产生的技术标记。某些科学家预计超级人工智能也许会出现在黑洞附近以利用其能量[8]。还有另一种可能性，也许超级智能会创造如下页图中所示的“戴森球”，也就是用于收集利用整个恒星能量的巨型结构。

但这些只是以我们目前技术为出发点所做出的推测。要说我们能够预计比我们领先数百万甚至数十亿年的文明会拥有什么计算结构，又有什么能量需求，那未免傲慢至极。我个人的意见是，在我们这个文明达到超级智能之前，我们不会探测到外星超级文明，也不会被对方主动接触。只有超级智能才能识别出超级智能。

107

尽管许多超级智能超出了我们的认识能力，但也许对于“早期”超级智能，也就是那些在刚好足以发展出超级智能的文明中出现的超级智能，我们可以更有信心地推测它们的性质。这些首次出现的超级人工智能之中部分的认知系统可能是以生物大脑为模型建造的，就像深度学习系统大体上也是以大脑神经网络为模型。所以它们的计算结构，至少是大体上的构造，也许是我们可以理解的。它们甚至可能保留了生物的某些目标，例如繁衍和生存。我之后很快就会重新讨论早期超级智能这个话题[9]。

108

戴森球

但超级人工智能有自我改进的能力，也许会迅速转变为我们无法识别的形态。也许某些超级智能会选择保留与作为其范本的物种类似的某些认知特性，这会成为它们认知架构设计的天花板。谁知道呢？但如果没有天花板的话，外星超级智能很快就会高速演进，以至于我们无法理解它的行为，甚至不知道如何寻找它。

主动地外文明搜索的支持者会指出，这正是我们应该向太空发射信号的原因——让超级智能文明确定我们的位置，然后设计某种他们认为合适的方法来接触我们这种智能较低的物种。我承认这是考虑主动地外文明搜索的合理理由，但我相信遭遇危险的超级智能这一可能性带来的坏处超过了好处。就我们所知，带有恶意的超级智能也许会用病毒感染属于整个行星的人工智能系统，而明智的文明会建造隐身装置；也许这就是我们仍未探测到其他文明的原因。我们人类可能需要达到自己的奇点之后再开始进行主动地外文明搜索。我们自己的超级人工智能到时就能够告诉我们星系中人工智能安全的预期情况，以及我们应该如何识别宇宙其他地方的超级人工智能产生的信号。还是那句话，“只有超级智能才能识别出超级智能”，这是个实用的口号。

超级智能的心智

后生物宇宙观点与我们对宇宙中智慧生命的一般看法相比有着根本性的转变。通常我们预期的是，如果遇到高级外星智慧，我们接触到的个体拥有的**生物**特性会与人类相去甚远，但我们对于心智的大部分直觉应该仍然有效。但后生物宇宙观点不这么认为。

109

更具体地说，主流观点认为，如果我们接触到高级外星智慧的个体，他们的心智在某种重要的意义上仍然与我们相似——他们在内部应该有某种自身存在的实感。我们之前看到，在日常生活甚至睡梦中，你都会感觉到自己存在。同样，如果外星智慧生物存在的话，他们也会有某种自身存在的感觉，至少我们会这样认为。但超级人工智能是否拥有意识体验？如果它拥有意识体验的话，我们能不能察觉到这一点？此外，它的内心活动存在与否又会如何影响它的同理心以及它拥有的目标呢？在思考对外星文明的接触时，我们要考虑的不止对方的智能。

我们在之前章节考虑过这些问题，而现在我们能理解它们在宇宙尺度上的重要性。我之前提到，人工智能是否拥有内心活动的这个问题应该是我们衡量其存在价值的关键，因为在我们判断人工智能是否拥有自我或者人格时，意识处于中心地位。人工智能可以达到超级智能，在任何认知和感知领域超越人类，但如果这个人工智能对自身存在没有任何感觉的话，那么我们很难认为它们的价值等同于拥有意识的存在，也就是拥有自我或者人格的个体。反过来说，我也注意到，人工智能是否有意识也可能是它如何**衡量人类价值**的关键：拥有意识的人工智能会认识到我们拥有感受意识体验的能力。

机器意识问题显然在人类发现超级智能外星文明时会作出何种反应这个问题上占据了中心地位。对于这种接触带来的后果，人类处理的方式之一就是宗教。尽管我并不愿意谈及世界上的宗教，但在与就职于美国普林斯顿的神学研究中心（Center of Theological Inquiry）研究天体生物学的同事讨论之后得出的结论似乎是，如果人工智能连意识都无法拥有，许多人会直接否定它们拥有灵魂或者在某种意义上依照上帝形象所造。的确，教皇方济各最近声明他愿意为地外智慧生命行洗礼[10]。①但我怀疑，如果要求受洗的是人工智能，教皇方济各到底会有什么回应，更不要说如果这个人工智能无法拥有意识的话了。

110

地外智慧生命能否享受日落或者是否拥有灵魂，这并不仅仅是些浪漫的问题，而是关乎我们生存。因为即使宇宙中布满了聪明得难以置信的人工智能，这些机器又有什么理由认为拥有意识的生物智能具有任何价值呢？无意识的机器无法体验这个世界，也没有觉知，它们也许对被它们取代的生物无法产生真正的同理心，甚至连担忧的思想都没有。

仿生超级智能

到这里为止，我并没有怎么谈及外星超级智能的心智结构，而我们能说的也不多：超级智能的定义就是在所有领域的思考都超越人类的智能，而在某种重要的意义上，我们无法预测或者完全理解它们会如何思考。虽然如此，我们也许能够至少粗略地识别出某些重要的特质。

① 译者注：洗礼是基督教的入教仪式，表示接纳受洗者为教徒。

尼克·博斯特罗姆最近有关超级智能的著作关注的是地球上超级人工智能的开发，但我们可以从他细致的探讨中获得启发。博斯特罗姆将超级智能分为三类：

速度超级智能：这种超级智能有能力进行极为高速的认知和感知计算。例如，即使只是人脑模拟或者上传者，原则上只要运行的速度足够快，就能够在一小时内完成一篇博士毕业论文。

集群超级智能：组成这种超级智能的单元不一定拥有超级智能，但这些成员集合起来的表现却远远超越任何人类个体的智慧。

111

高质量超级智能：这种超级智能至少能以人类思考的速度进行计算，并且在所有领域的思考都超越了人类。[11]

博斯特罗姆指出，这些超级智能完全可以与其他种类的超级智能共存。

另一个重要的问题是，我们能否识别这些不同种类的超级智能共同拥有的目标。博斯特罗姆提出了以下的论题：

正交论题：智能与最终目标是正交的——“任何水平的智能或多或少在原则上都能与几乎所有最终目标结合。[12]”

简单来说，某个人工智能很聪明并不意味着它有任何洞察力；

某个超级智能个体的所有智能都可能为完成某些荒谬的目标所用。（这有点让我想起了学术圈的政治斗争，其中大量的智慧都浪费在了渺小甚至有害的目标上。）博斯特罗姆谨慎地指出，可能出现的超级智能种类繁多不可估量。在书中他举了一个令人警醒的例子，就是管理回形针工厂的超级智能。它的最终目标就是个平凡的任务：制造回形针[13]。尽管你一开始可能觉得这项事业没什么害处（虽然以此为生毫无意义），但博斯特罗姆清醒地指出，这一超级智能可能会利用地球上所有形式的物质来完成这一目标，在这个过程中抹去所有生物的生命。

回形针的例子指出超级智能的本性也许无法预测，它的思考对我们来说“陌生到极点”[14]。尽管我们难以预计超级智能的最终目标是什么，但博斯特罗姆指出了几个工具性的可能目标，它们能够支撑最终目标的完成，无论这个最终目标是什么：

112

> 工具性趋同论题：“我们能确定数个工具性价值，对于一大类最终目标以及一大类情景来说，实现这些工具性价值能够增加客体实现目标的可能性，意味着处于特定情境中的一系列广泛的智能客体都很可能遵循这些工具性价值。[15]”

博斯特罗姆指出的工具性目标包括资源获取、技术完善、认知增强、自我保护，以及目标保真（也就是超级智能未来的自我会追求达到同样的目标）。他强调自我保护可能包括群体或者个体的保护，至于人工智能在设计中要服务的那个物种，他们的保护对于人工智能来说也许就要退居二线了。

博斯特罗姆在书中并没有对外星超级智能的心智进行推测，但他的讨论很有参考价值。接下来，我们将那些来自外星生物大脑的逆向工程（包括上传）所得到的外星超级智能称为“仿生外星超级智能”。尽管仿生外星超级智能的范本是作为它们来源的那个物种的大脑，但它们的算法可能在任何一点上与作为它们模型的生物分道扬镳。

在外星超级智能的情况中，仿生外星超级智能有着特殊的价值，因为它们在可能出现的人工智能这个完整谱系中组成了一个特殊的类别。博斯特罗姆指出有许多路径可以通向超级智能，如果这是正确的话，那么可能存在高度多样化的超级人工智能，其中每一个都与其他种类没有多少相似之处。有可能最终在所有的超级人工智能之中，仿生外星超级智能彼此之间会最为相像，因为它们都来源于生物。换句话说，仿生外星超级智能也许是联系最紧密的群体，因为其他超级人工智能彼此之间如此不同。仿生外星超级智能也许是宇宙中外星超级智能唯一一种最为普遍的形式。

113

你可能会怀疑我们对于仿生外星超级智能这个类别也许并不能得出什么有趣的结论，因为这些超级智能散落在星系各处，来自各种各样的物种。你可能不赞成从理论层面研究仿生外星超级智能，认为这用处不大，因为这些超级智能改变自身基础架构的办法层出不穷而且无法预计，而任何来自生物的动机都可以利用编程来限制。但要注意到仿生外星超级智能有两项特点，可能会带来共同的认知能力以及目标：

1. 仿生外星超级智能脱胎自拥有如下动机的生物：寻找食物、避免受伤、避免捕食者、繁衍、合作、竞争等。
2. 仿生外星超级智能建基于某种生命形式，这种生物在演化中需要应对生物学上的限制，比如缓慢的处理速度以及躯体带来的空间限制。

这些特点会不会催生出不同超级智能外星文明的个体共同拥有的特征？我认为会。

先考虑第一个特点。拥有智能的生物倾向于首先考虑自身的生存以及繁衍，所以仿生外星超级智能更可能拥有关于自身生存和繁衍的最终目标，或者至少是它所在的社会中成员的生存和繁衍。如果仿生外星超级智能对繁衍有兴趣，我们可以预期它们在拥有大量计算资源可资利用的情况下，会创造充满人工生命甚至智能个体或者超级智能的模拟宇宙。如果这些新的个体是作为“心智后裔”创造而成的话，那么它们可能也保留了第一个特点中列出的那些目标。

114

同理，如果某个超级智能仍然将自身存活作为首要目标的话，它大概不希望对自身架构做出根本性的改变。它可能会选择一系列小型改进，但最终仍能将这一个体自身逐渐引向超级智能。也许仿生外星超级智能在仔细考虑人格同一性的辩论之后，它们会更加理解这些问题本质上何等棘手。它们会想：“如果我从根本上改变自身架构的话，也许我就不再是我了。”即使对于经由上传产生，并且不认为自己与上传之前的生物相同的那些个体，它们可能也不愿意改变那些在它们作为生物存在时最为重要的特性。要记住，上传者也是同构体（至少在它们刚刚上传之时），所以至少一开始它们会对这些特性产生认同。以这种方式思考的超级智能也许会选择保留来自生物的特性。

现在考虑第二个特点。尽管我之前提到仿生超级人工智能也许不希望从根本上改变自己的架构，但它或者它的设计者仍然可能以各种无法预见的方式偏离原本的生物模型。然而即使如此，我们仍能寻找那些用处很大值得保留的认知能力，也就是复杂生物智能很可能拥有，并且能让超级智能完成工具性目标和最终目标的那些认知能力。我们也可以寻找那些不太可能通过工程方法去除的特性，因为这些特性并不妨碍仿生超级人工智能完成它的目标。比如说，以下的可能性也是意料之中。

1. **对于仿生外星超级智能，研究其创造者物种个体大脑的计算结构有助于理解这一超级智能的思考模式。**在认知科学中理解大脑计算结构的一个有影响力的方法就是连接组学（connectomics），这一领域的目标是描绘大脑的连接地图，或者说接线图，也被称为“连接组”（connectome）[16]。

115

尽管某个特定的仿生外星超级智能拥有的连接组很可能与原来物种的个体不同，但某些功能性和结构性的连接也许会被保留下来，我们也会找到与原物种之间有趣的差异。所以虽然听起来有点像《X档案》①的剧情，但对外星人的解剖的确能带来不少有用的信息！

2. **仿生外星超级智能可能拥有视点不变的表征**（viewpoint-invariant representation）。当你走近家门时，你已经成千上百次走过同一条路，但严格地说，你每一次观察的角度都稍微有些不同，因为你走在路上的位置不可能完全相同。但显然这条路对你来说很熟悉，这是因为在高层次的信息处理中，你无论与什么人或者物体互动，大脑对它们的内部表征不会随着你的角度和位置而改变。比如说，你拥有"门"这个抽象概念，它独立于任意一扇门的外表。

的确，我认为如果没有这样的内部表征的话，基于生物的智能很难在演化中出现，因为这些内部表征允许了范畴和预测的出现[17]。不变表征（invariant representation）之所以出现，是因为能够运动的系统需要一种方法来在不断改变的环境中识别各种物体，所以我们可以预期基于生物的系统拥有这种表征。只要仿生外星超级智能仍然能够运动，或者包含能够向其远程发送信息的移动设备的话，那么它们就没有理由舍弃不变表征。 116

3. **仿生外星超级智能会拥有类似语言的、递归式和组合式的心理表征。**我们注意到，人类的思考有一个关键

① 译者注：《X 档案》（*X-files*）是美国的系列悬疑电视剧，主要剧情是对各种神秘事件的侦查过程。

> 而普遍的特点：思考是组合式的。考虑“意大利的红酒比中国的好”这个想法。你可能之前从来没听过这个想法，但你却能够理解。关键在于，思想是由我们熟悉的组分以规则组合而成的。这些规则可以用于基本组分的组织，而这些基本组分本身又是根据语法构建而成的。内部语法处理非常有用：正因为思想是组合式的，我们才能基于自身此前关于语法和原子组分（例如“红酒”和“中国”）的知识来理解和构建相关的句子。与之相关的是，思考也是产生式的：从原则上，我们能够考虑并产出无数种不同的表征，因为心智拥有组合式的句法[18]。

大脑需要组合式表征，因为潜在的语言表征有无数种，而大脑的储存空间是有限的。即使是拥有超级智能的系统也能从组合式表征中获益。尽管拥有超级智能的系统拥有极其庞大的计算资源，也许足以储存所有可能的口头或书面语句，但它还是非常不可能舍弃生物大脑的这一奇妙创新。如果它的确抛弃了组合式表征的话，它的效率会大大降低，因为它的储存空间是有限的，所以特定的句子可能并不在其中。

117

4. **仿生外星超级智能可能拥有至少一个全局工作空间**（global workspace）。当你回想某个事实或者将注意力集中在某项事物时，你的大脑会允许对应的感知或者认知内容进入某个“全局工作空间”，其中的信息会被广播到注意力系统和工作记忆系统以便于进行更集中的处理，也会广播到大脑中大规模并行的通路中[19]。全局工作空间提供了一个独特的场所，其中来自感官的重要信息依序进入处理，而生物由此能够在全盘考虑之后做出判断，利用所有它已知的事实做出具有知性的行动。一般而言，拥有某种感官或者认知能力但不将它与其他能力整合，这种做法效率不高，因为这样的话，来自这一感官或者认知能力的信息无法用在基于所有可用信息得出的预测和计划之中。

5. **仿生外星超级智能的心智处理可以通过功能分解来理解**。尽管外星超级智能可能无比复杂，但人类仍然可以利用功能分解这一方法来尝试理解它们。我们之前看到，大脑的计算主义立场的关键特点之一，就是在尝试理解认知和感知能力时将其分解为由因果关系组织而成的部件，而这些部件本身的理解又可以通过分解为以因果关系相互联系的更小部件来完成。这就是功能分解方法，它是认知科学中关键的解释性方法。如果有一台可以思考的复杂机器，很难想象它的程序不是由互为因果的元素组成的，而这些元素应该也是由通过因果关系组织起来的更小元素组成的。

简而言之，我们也许能部分理解超级人工智能的信息处理过程，而认知科学的发展也许能让我们稍稍理解某些仿生外星超级智能的复杂心理活动。虽说如此，根据定义，超级智能就是那些在所有领域都超越人类的个体。尽管我们也许能够理解某个个体拥有的更高级信息处理过程，但某个特定的超级智能可能会如此先进，以至于它的任何计算过程都是我们无法理解的。也许就像亚瑟·克拉克（Arthur C. Clarke）所说，任何真正先进的文明拥有的先进技术都与魔法无异[20]。

118

在本章中，我们将镜头拉到地球以外，将心智设计问题放到了宇宙这个场景。我阐述了为什么我们地球人今天面对的问题也许并不局限于地球。实际上，有关地球上超级智能的讨论，再加上认知科学的研究，都能帮助我们推测外星超级智能会有什么样的心智。我们也看到之前关于人造意识的讨论同样与此有关。

值得一提的另外一点是，这些外星文明的个体会发展出对自身心智进行增强的技术，而这些文明也要面对我们之前讨论过有关人格同一性的那些令人困惑的难题。也许正如曼迪克所说，技术最先进的文明就是那些面对形而上学最为大无畏的文明，这些超级智能并没有让关于生存的担忧阻碍它们自身的大脑增强。也有可能它们关心人格同一性，并且找到了一个聪明的方法——或者是没那么聪明的办法——来绕过这个问题。

接下来我们会回到地球，深入探讨有关模式主义的问题。现在是时候探索一下超人类主义和融合乐观主义背后的一个关于心智的主流观点。许多超人类主义者、心智哲学家和认知科学家都援引了“心智就是软件”这种对于心智的理解。这一理解通常会表达为下列口号：“心智就是大脑运行的软件。”现在是时候发问了：这种关于心智本性的观点有没有扎实的依据？如果我们这个宇宙充满了外星超级智能，那么考虑心智是不是软件这个问题就更为重要了。

119

第八章

你的心智是软件程序吗?

我认为大脑就像程序……所以从理论上来说，有可能将大脑复制到计算机上，从而提供某种死后生活。

斯蒂芬·霍金[1]

某天早晨，我被《纽约时报》记者的一通电话吵醒。这位记者希望我谈谈基姆·索齐（Kim Suozzi），她死于大脑肿瘤，时年23岁。基姆主修认知科学，当时正热切地计划着攻读神经科学博士。但就在她知道自己得到一项令人激动的实习机会那一天，她也获悉自己大脑里出现了肿瘤。她在社交网络上这样写道："好消息：我进了行为神经科学中心（Center for Behavioral Neurosciences）的'大脑'暑期计划……坏消息：我的大脑里出了个肿瘤。"[2]

在大学时，基姆和她的男朋友乔希（Josh）对超人类主义抱有共同的热情。当常规疗法无效时，他们转向了人体冷冻这一项利用超低温保存死者大脑的医疗技术。基姆和乔希希望让死神变为仅仅的过客，他们将赌注压在了基姆的大脑在遥远未来的某个节点能被复活的可能性，到时她所患的癌症会有治疗方法，而冷冻后的大脑也有办法重获新生。

在阿尔科接受采访的基姆·索齐，旁边就是目前存放冷冻后的她和其他人的容器。（阿尔科生命延续基金会）

于是基姆联系了阿尔科生命延续基金会（Alcor Life Extension Foundation），这是一个位于美国亚利桑那州斯科茨代尔（Scottsdale）的非盈利人体冷冻保存中心。她发起了一项网上筹款活动，成功筹得冷冻保存头部所需的八万美元。为了方便人体冷冻顺利进行，基姆得到的建议是在阿尔科附近度过她人生最后的几周。于是基姆和乔希搬到了斯科茨代尔的一家临终关怀中心。在这最后的几周，她不再进食和饮水，以加速自身的死亡，从而使肿瘤停止进犯大脑[3]。

人体冷冻颇具争议。在医学中，冷冻被用于保存人类胚胎和动物细胞，保存时间可以长达三十年[4]。但大脑的冷冻保存仍然处于萌芽时期，利用今天处于起步阶段的技术冷冻保存的人体在未来能否被复活，这仍然是未知之数。但基姆和乔希已经仔细权衡过利弊。

121

不幸的是，基姆的冷冻保存并不顺利，虽然基姆已经不可能知道这一点了。对冷冻大脑进行医学扫描的结果显示，可能是由于缺血导致的血管损伤，冷冻保护剂只到达了基姆大脑的外层，而剩下的部分可能会被冷冻损伤[5]。由于出现了这种损伤，《纽约时报》文章的作者埃米·哈蒙（Amy Harmon）考虑了另一个方案，就是当上传技术出现之后，基姆的大脑可以直接上传为计算机程序。哈蒙指出，某些冷冻保存项目正在开始考虑上传技术，作为一种以数字形式保存大脑神经回路的手段[6]。

哈蒙的观点是上传技术也许能帮助基姆，而更进一步也能帮助大脑被冷冻储藏和疾病破坏得无法从生物学意义上复活的患者。比如在基姆的情况中，他的想法就是生物大脑受损的部分可以用数字化的手段修复，也就是说上传大脑的程序可以在其中加入额外的算法，用以进行缺失部分负责完成的那些计算。最后得到的这个计算机程序就应该是基姆本人[7]。

天啊，我这么想。作为一个女儿只比基姆年轻几岁的母亲，我当晚夜不能寐，不停想象基姆的事情。癌症偷走了她的人生，这已经够糟糕了。冷冻保存某个人然后令其复活，这是一回事，在科学上有许多障碍，而基姆也知道这一点。但上传完全又是另一回事。为什么要将上传看成是某种形式的“复活”？

基姆这个案例让我们关于根本性大脑增强的抽象讨论立刻变得现实起来。超人类主义、融合乐观主义、人造意识、后生物外星生命，这一切听起来就像是科幻小说，但基姆的事例表明，即使在地球这里，这些想法都正在改变某些人的一生。霍金的引语说出的正是现今对于心智的某种默认的共识，也就是心智就是程序这一观点。实际上，《纽约时报》的报道也提到基姆本人同样持有这种对心智的观点[8]。

122

然而，第五章和第六章已经有力说明了上传如何不切实际。上传似乎缺少任何人格同一性理论的支撑。即使是修正模式主义也不支持上传。要在上传过程中存活下来，你的心智必须通过某种特殊的过程转移到大脑以外的某个新地点，其中有关大脑每一个分子的信息都被发送到计算机上，被转换为软件程序。我们一般面对的物体都不会以这种方式在时空中“跳跃”。你大脑中没有任何一个分子移动到了计算机上，但就像魔法一样，你的心智据说就会以某种形式转移到了那里[9]。

这真是令人费解。如果这种转移能够发生，那么心智必须在根本意义上与一般的实体对象不同。我的咖啡杯就在那里，在我的笔记本电脑旁边，而它的移动会在时空中划出一条轨迹。它并不是先被分解测量，然后在地球某处以全新部件精确再现测量结果的方式重新排列而成。如果它的确经历了这一过程，我们不会认为这是原来的杯子，而是一件复制品。

此外，回想一下副本问题（见第六章）。比如说，假设你尝试上传自己，然后在这个假设场景中，你的大脑和身体经过扫描之后存活了下来，对于更为先进的上传过程来说这是非常可能的。假设你的上传体被下载到和你一模一样而且栩栩如生的仿生身体之中。

你觉得很好奇，打算在酒吧里见见你的上传体。两杯酒下肚，你和你的仿生分身开始讨论哪一个才是真正的原型——哪一个才是真正的你。仿生人有理有据地论证了它就是**真正的你**，因为它拥有你所有的记忆，甚至记得扫描手术过程的开头。你的分身甚至断言自己拥有意识。也许事实如此，因为我们知道如果上传过程极端准确，那么上传体很有可能拥有意识带来的心理活动。但这并不意味着它就是你，因为你就坐在酒吧里，就坐在它的正对面。

123

而且如果你真正完成了上传，那么原则上你可以同时下载到多个不同的地点。假设有一百份你的复制品被下载了下来，那么你就会成为**多重存在**，也就是说你在同一时间存在于多个地点。这种看待人格的观点不同寻常。实体对象可以在不同时间存在于不同地点，但无法在同一时间存在于不同地点。我们似乎还是实体，然而是一种特殊的实体：我们是拥有意识正在生存的个体。如果我们的确跳脱了宏观物体行为的一般性质，那在形而上学上还真是无比惊人的幸运[10]。

作为大脑软件的心智

这样的考虑促使我抗拒数字化永生这一甜美诱惑，尽管我的观点大体上仍然属于超人类主义。然而，如果霍金等人的观点才是正确的，那会如何？如果我们很幸运，心智的确属于某种软件程序，那会怎样？

假设电影《超验骇客》（*Transcendence*）中发展了上传技术并成为第一个测试用例的科学家威尔·卡斯托（Will Castor）要面对上一节提到的那些问题。我们告诉他复制品与原型并不相同。仅仅是一束运行在各种计算机上的信息流，非常不可能是真正的他。他可能会这样回应：

> **软件回应：**上传心智就像上传软件。软件可以跨越遥远距离在数秒之内完成上传和下载，甚至在同一时间可以下载到多个地点。我们完全不像一般的实体对象——我们的心智是一种程序。所以，如果你的大脑在万全的条件下得到扫描，这一扫描过程会复制你的神经配置方式（你的“程序”或者说“信息模式”）。只要你的模式存活，你就能在上传过程中存活下来。

124

软件回应来自一个目前在认知科学与心智哲学中很有影响力的观点，就是将心智看作软件程序——大脑运行的程序[11]。我们将这一立场称为“软件观点”。许多融合乐观主义者除了自己的模式主义以外，还援引了软件观点。例如计算机科学家基思·威利（Keith Wiley）就对我的观点做出了如下回应：

> 心智完全不是实体对象，所以它不一定满足实体对象的性质（运动路径在时间与空间中连续穿行）。心智类似于数学家和计算机科学家所说的“信息”，简而言之就是非随机的数据模式[12]。

如果的确如此，那么你的心智就能被上传然后下载到一系列不同种类的身体中。在鲁迪·拉克（Rudy Rucker）的反乌托邦小说《软件》（*Software*）中对此有着栩栩如生的描绘，其中一位角色付不起下载到合适身体需要的钱，在绝望之下将自己的意识塞进了卡车里。的确，上传体也许根本不需要下载到某个地方，也许它可以就这样留在计算机模拟环境之中，就像经典电影《黑客帝国》（*The Matrix*）那样，其中的大反派史密斯就根本没有躯体，只在“母体”中存在——也就是一个巨型计算机模拟环境。史密斯是个特别强大的软件程序，他不仅能在追逐正派角色时出现于“母体”中的任何地方，还能同时处于多个地点。在电影的多个场景中，主角尼奥甚至要与数百个史密斯战斗。

125

正如这些科幻小说描写的那样，在互联网时代，软件观点似乎非常自然。的确，对这一观点的详细论述甚至会将心智描述为“下载体”“应用”和“文件”。史蒂文·马齐在博客 *Big Think* 上这样写道：

> 你可能希望将大脑文件上传到云储存（对的，你到时需要购买更多容量），以此避免因硬盘崩溃导致的死亡。但如果有了合适的备份，你，或者是某种电子版本的你，能够永远活下去，至少是能活过非常非常长的一段时间，用施耐德博士的话来说，就是“不被无可避免终将毁灭的躯体所束缚”。[13]

模式主义的另一位支持者就是肯·海沃思（Ken Hayworth），他是一位神经科学家，也是大脑保存基金会（Brain Preservation Foundation）的领导。我对模式主义的批评似乎冒犯了他。对他来说，心智明显就是程序，这个道理一目了然：

> 我一直惊讶于为什么有些聪明人到现在还会掉进这个哲学陷阱。如果我们讨论的是将某个机器人（比如说R2D2）的软件和记忆复制一份，放到另一个全新的机器人身体里的话，那么我们会不会从哲学角度关心这是不是"同一个"机器人？当然不会，就像我们在将数据和程序从旧笔记本电脑复制到新电脑时也不会有什么担忧。如果我们有两台笔记本电脑，里边的数据和软件完全一样，那么我们会不会考虑其中一台能够"神奇地"访问另一台的内存？当然不会。[14]

那么软件观点是否正确？答案是否定的。将心智视为软件的做法有着深刻的错误。认为大脑的本质是计算，这是一回事，而这也是认知科学中我相当喜欢的一种研究范式［例如可以参见我的前一本书《思想的语言》（*The Language of Thought*）］。尽管软件观点常常被当作是大脑的计算主义立场不可分割的一部分，但许多关于心智本性的形而上学立场都与大脑的计算主义立场兼容[15]。此外，我们应当扬弃将心智或者人格看作软件的观点，我很快就会解释这一点。 126

在开始进行批评之前，我想更深入谈谈软件观点的重大影响。这个议题重要的原因至少有两个。首先，如果软件观点正确的话，模式主义就要比第五章和第六章所说的更为可能正确。我基于时空不连续性和副本问题提出的反对意见可以就此打消，尽管还有其他问题，例如模式的何种改变对生存无碍，又有哪些改变会危及生存。

其次，如果软件观点正确的话，这将会是个激动人心的发现，因为这样的话它就描述了心智的本性，特别是它也许就此解决了哲学的一个核心难题，也就是所谓的“身心问题”（Mind-Body Problem）。

身心问题

假设你正坐在咖啡馆准备一场重要的报告。在同一个瞬间，你尝到了意式浓缩咖啡的味道，感受着极端的紧张，考虑着某个想法，还听到了咖啡机在高声运转。这些思想的本质是什么？它们只是你大脑中的物理状态，还是除此之外有别的东西？同理，你的心智本质是什么？你的心智只是某种物理上的东西，还是某种超出了你大脑中粒子具体排列的东西？

这些问题都是身心问题的体现。问题在于精神活动在科学研究的这个世界中应该处于何种地位。身心问题密切关系着此前提到的所谓“意识的困难问题”，也就是为何某些物理过程伴随着主观感受的这一难题。但困难问题关注的是意识，而身心问题关注的是更为一般的精神状态，甚至包括无意识的精神状态。此外，与其考虑为何这些状态必定存在，身心问题尝试断定的是它们如何联系着科学探索的事物。

当代关于身心问题的争论始于五十年以前，但某些经典立场至少在苏格拉底之前的古希腊就已出现。这个问题并没有随时间变得更为容易。当然我们有一些引人入胜的解答，但与关于人格同一性的争论一样，目前并没有毫无争议的答案。所以，软件观点是否解决了这一经典哲学问题？我们先来考虑这个问题的其中一些有影响力的立场，看看软件观点与它们相比如何。

泛灵论

我们之前提到，泛灵论认为即使是现实最微小的层面也拥有意识体验。基本粒子有着极其微弱的意识，在某种大打折扣的意义上，它们也有意识体验。当粒子形成某种极其精细的结构时——例如当它们处于神经系统之中时——就会出现某种形式上更高级更容易识别的意识。泛灵论可能看似异乎寻常，但泛灵论者对此的回应是他们的理论实际上与基础物理学相容，因为意识体验正是物理学识别出的那些性质背后的本性。

实体二元论

根据这一经典观点，现实由两种实体组成：物质实体（如大脑、岩石、躯体）与非物质实体（如心智、人格、灵魂）。尽管你个人也许并不接受非物质的心智或者灵魂实际存在的这个观点，但仅凭科学并不能将其否定。最有影响力的实体二元论哲学家勒内·笛卡儿（René Descartes）认为，非物质心灵的运转至少在人的一生中对应着大脑的运转[16]。当代实体二元论者也提出了复杂的无神论实体二元论立场，同时也提出了饶有兴味而且同样复杂的有神论立场。

物理主义（或唯物主义）

我们在第五章简单讨论了物理主义。根据物理主义，心智就像现实的其他部分一样是物质的。任何事物要么由物理所描述的东西所组成，要么就是物理理论中出现的某种基本性质、定律或者实体。（在这里，物理主义者所指的“物理理论”，通常指向的是物理学发展到尽头揭示的最终万物理论的内容，无论这一理论是什么。）不存在非物质的心智或者灵魂，而我们所有的思想最终都只是物理现象。这一立场曾被称为“唯物主义”，但现在一般被称为“物理主义”。与实体二元论相反，因为物理主义认为并不存在非物质的领域，所以它一般被认为是一种一元论，也就是认为现实中的存在都属于同一个基本类型的范畴。在物理主义中，这一范畴就是物质实体。

性质二元论

这一立场的出发点是意识的困难问题。性质二元论的支持者相信，“为何意识会存在”这个问题最合适的答案就是意识属于某些复杂系统的基本性质。（作为范例，这种性质会从生物大脑中涌现，但也许有一天人工智能也会拥有这样的性质。）性质二元论者与实体二元论者一样，认为现实分为两个不同的领域。但性质二元论者否定了灵魂和非物质心智的存在。能思考的系统属于物质实体，但它们拥有非物质的属性（或者性质）。这些非物质的性质与基本的物理性质一样，都是现实的基本构件，但与泛灵论不同的是，这些

基本性质不属于微观性质——它们是复杂系统的特性。 129

唯心主义

比起其他观点，唯心主义没那么流行，但它在历史上曾经非常重要。唯心主义者认为最基础的现实类似于心智。这一观点的某些倡导者也是泛灵论者，尽管泛灵论者也可能不认同唯心主义，认为现实除了心智和意识体验以外还有其他东西。[17]

有关心智本质还有很多引人入胜的观点，但我在这里只关注那些最有影响力的立场。如果读者希望更仔细地考虑身心问题的不同解答，市面上有数种优秀的入门读物[18]。现在既然已经考虑过这些立场，那我们就回到软件观点，看看它相比之下如何。 130

评价软件观点

软件观点一开始就有两个漏洞，但我相信都有办法弥补。首先，并非所有程序都属于拥有心智的事物。你智能手机上的应用程序并没有心智，至少是没有我们通常所认为的那种心智（也就是说只有像大脑这样高度复杂的系统才拥有的那种东西）。如果心智的确是程序，那么它们会是非常特殊的一类程序，它们拥有多层次的复杂性，即使动用心理学和神经科学这样的科学领域也难以描述。第二个问题就是，我们之前已经看到，意识是我们精神活动的核心。僵尸程序——也就是无法拥有意识体验的程序——显然不属于拥有意识的实体。

但这些论点都不构成决定性的反对意见，因为如果软件观点的支持者同意这些批评，他们可以给自己的观点加上限定修饰。例如，假设他们同意这两个批评，他们可以对软件观点加上如下的限制：

> 心智是一类高度复杂精细，并且能够拥有意识体验的程序。

但加上这些限定条件并不能修正我现在要提出的深层次问题。

要确定软件观点是否可能正确，我们考虑这个问题：程序是什么？如下页图所示[①]，程序是以一行行计算机代码所表达的一系列指令。这一行行代码就是以某种编程语言表达的指令，告诉计算机它需要执行的任务。大多数计算机能够执行多个程序，由此可以在计算机中增加新功能或者删除已有功能。

一行代码就像一道数学公式。代码高度抽象，与围绕着你的现实物质世界截然不同。你可以扔出一块石头，也可以端起一杯咖啡，但你能试试抛出一道公式吗？公式是抽象的实体，它们并不位于时间或者空间之中。

131

① 译者注：图中为超文本标记语言，即编写网页所用的语言，一般认为它不属于计算机编程语言，因为它是一种描述性的语言，主要用于标记网页的结构，与编程语言不同，不能由此进行计算。

```
class="container">
<div class="carousel-caption">
<h1>One more for good measure.</h1>
<p>Cras justo odio, dapibus ac facilisis in,
.</p>
<p><a class="btn btn-lg btn-primary" href="#" role=
</div>
</div>
</div>
</div>
<a class="left carousel-control" href="#myCarousel" role=
<span class="glyphicon glyphicon-chevron-left" aria-hidden=
<span class="sr-only">Previous</span>
</a>
<a class="right carousel-control" href="#myCarousel" role=
<span class="glyphicon glyphicon-chevron-right" aria-hidden=
<span class="sr-only">Next</span>
</a>
</div><!-- /.carousel -->

<!--Featured Content Section-->

<div class="container">
<div class="row">
<div class="col-md-4"></div>
<div class="col-md-4"> <h2> FEATURED CONTENT </h2>
<div class="col-md-4"></div>
<div class=
```

既然理解了程序的抽象性，我们就能发现软件观点有一个严重漏洞。如果你的心智是个程序，那么它就只是以编程代码形式表达的一长串指令。软件观点意味着心智是种抽象实体。但想想这意味着什么。数学哲学这一领域研究的是公式、集合和程序等抽象实体的本性。一般也说抽象实体**是非实在的：它们是非空间的，非时间的，非物理的，也是非因果的**。这页纸上印着的这个数字“5”就在这里，但真正的数字与这个印刷数字不同，它并不存在于任何地方。抽象实体并不位于空间和时间之中，它们不是物理对象，也不会在时空流形中引发事件。 132

心智又怎么可能是像公式或者数字“2”那样的抽象实体呢？这似乎犯了范畴谬误。我们存在于空间中，是能够引发因果的主体；我们心智的状态引发了我们在实际世界中的行动。而时间也在我们身边流逝——我们存在于时间中。所以，你的心智并不是像程序那样的抽象实体。在这里，你可能有所怀疑，认为程序能够在世界中做出行动。举个例子，你的电脑上一次崩溃是什么情况？难道不是程序导致了崩溃吗？但这就混淆了程序与它的实例。比如说当Windows 系统正在运行时，Windows 这个程序是由某台特定机器的物理状态所实现的。崩溃的是这台机器以及关联的进程。我们有时会说程序崩溃了，但仔细想想，算法或者代码（也就是程序）本身实际上并没有崩溃，也没有导致系统崩溃。导致系统崩溃的是特定机器的电路状态。

所以心智并不是程序。此外，还有别的理由怀疑心智上传是不是让基姆·索齐或者其他任何人继续存活的正确途径。正如我在本书第二部分一直强调的那样，假设存在某种持续不变的人格，那么即使上传完整人类大脑的技术已经开发完成，逐渐修复生物大脑并谨慎对其运作进行增强的那些基于生物的大脑增强，仍然是通向寿命延长和心智能力增强的一条更为安全的路径。融合乐观主义者通常同时支持对心理连续性的迅速改变以及对载体的根本性改变。这两类大脑增强风险似乎都很大，至少对于那些认为有某种持续不变的人格存在的人来说如此。

133

我在第五章和第六章都强调了这一点，尽管在那里，我的理念并不涉及软件观点的抽象本质。在那两章中，我的小心谨慎来自形而上学方面的争议，也就是我们不知道关于人格本性的那些相互竞争的理论到底哪一个才是正确的，假如其中确实有一个正确的话。这就让我们在面对根本性甚至仅仅是温和的大脑增强是否允许我们继续生存的这个问题时无所适从。我们现在明白，正如模式主义在描述人格如何存续时有漏洞，与之相关的软件观点同样问题很大。前者违背了我们对人格本性的理解，而后者对抽象事物赋予了它们不应拥有的现实影响力。

然而，我希望提醒大家不要将我对软件观点的反对转变为另一种结论。我之前已经提到，在认知科学中，心智的计算立场是一个优秀的解释框架[19]。但这并不能证明心智就是程序的这一观点。例如内德·布洛克（Ned Block）的经典论文《作为大脑软件的心智》（*The Mind as the Software of the Brain*）[20]，除了这个标题我显然不同意以外，这篇论文机敏而仔细地从许多关键角度描述了大脑的本性是计算这一观点。智能和工作记忆等认知能力都可以通过功能分解方法来解释；心理状态允许多重实现；大脑活动相当于语法引擎在驱动语义引擎。通过缕析心智的计算立场中的关键特点，布洛克准确地描述了认知科学中的这个解释框架。但是所有这些都无法推出心智就是程序这一形而上学立场。

于是，软件观点并非一个可行的立场。但你可能会想，超人类主义者或者融合乐观主义者能不能提出一个关于心智本性更为可行的计算主义立场？我正好有个更进一步的建议。我认为可以由超人类主义获得灵感，提出一个关于心智本性的观点，其中心智本身并不是程序，而是程序的实例——程序的某个特定的运行过程。然后我们就要考虑修改后的这一观点是不是比标准的软件观点更为妥当。

134

少校 Data 是永生的吗?

思考一下《星际旅行：下一代》（*Star Trek*：*The Next Generation*）中的仿生人少校 Data。假设他发现自己身处不幸的境地，在充满恶意的行星上被正要将他解体的外星人所包围。孤注一掷之下，他迅速将自己的人造大脑上传到了企业号（*Enterprise*）的计算机。他幸存下来了吗？此外，从原则上来说，他每次遇到麻烦都可以这样做，所以说他就是永生的？

如果我的想法正确，无论是 Data 还是其他人的心智都不是软件程序的话，那么这就会影响包括上传体在内的人工智能是否能达到永生，或者更贴切地说，它们能否达到某种可以称之为“功能性永生”的状态。（我在这里用了“功能性永生”这个词，因为宇宙本身也许最终会达到热寂，没有任何生命能逃出生天。但在下文我会忽略这一技术细节。）

一般认为人工智能可以创建自身的备份副本，从而在事故发生时可以将意识从一台计算机转移到另一台，由此达到功能性永生。科幻故事也助长了这种观点，但我认为其中有问题。正如人类能否通过上传和下载达到功能性永生是个很大的问题，我们也可以质疑人工智能在上传下载过程中是否可以真正幸存。只要特定的心智并非程序或者抽象实体，而是实在实体的话，那么某个特定的人工智能心智就有可能被意外或者部件的缓慢老化所摧毁，就跟我们一样。

135

这一点远非显然。值得意识到，“人工智能”一词的所指有模糊之处，可以指某个特定的人工智能（独立存在的个体）或者某种人工智能系统（这属于抽象实体）。同样，“雪佛兰羚羊”可以指你大学毕业后买的那台破破烂烂的车，也可以指某一类的车（指厂商和车型）。即使你把自己的车拆了，把零部件卖了，它的车型仍然会留存下来。所以，对于与生存有关的论题，明确词语的具体所指非常重要。如果我们希望“心智”指向的是程序的不同类别，那么对于两种打了折扣的“存活”概念而言，类别本身可以说能够在上传中“存活”下来。第一种概念是，一台机器如果储存了人类大脑上传后的一份高保真副本，那么至少在原则上，它能够运行与这个大脑被上传过程摧毁之前所运行的同一个程序。这个心智的类别“存活”了下来，但没有任何单一的有意识个体在这个过程中保留了下来。第二种概念则是认识到程序作为抽象实体并没有时间的概念。它并不会停止存在，因为它并不受时间制约。但这不是严肃意义上的“存活”。特定的人格或者性质在这两种意义上都无法“存活”。

这实在太抽象了。我们还是回到 Data 少校的例子。Data 是一个特定的人工智能，因此他有可能被破坏。也许还有其他同类的仿生人（每一个都是独立的人工智能个体），但他们的存活并不保证 Data 少校的存活，只是确保了 Data 这一类心智的“存活”。（这里我给“存活”加上引号，目的是表明在这里它指的是之前提到的那种打了折扣的存活概念。）

那么 Data 少校就在那里，在一颗充满恶意的行星上被一群正要摧毁它的外星人所包围。他迅速将人造大脑上传到企业号上的计算机。他存活下来了吗？依我之见，现在出现的是作为心智类别的Data在那台具体的计算机上运行的一个独立实例（或者用哲学家的说法就是“个例”）。我们可以考虑这个问题：这一个例能够通过重新上传（也就是将该个例的心智转移到另一台计算机上）的方法，从目前所在计算机被破坏的情况中幸存下来吗？当然不能。在这里，上传只会制造同样类别的另一个实例。个体的存活依赖于个例层面的情况，而不是类别层面。

136

同样值得强调的是，某个特定的人工智能只要部件极其坚固耐用，也许还是能够存活相当长的一段时间。也许Data可以通过避免意外发生以及在部件老化时进行更换的方式来达到功能性永生。我的观点与这一情景相容，因为Data在这一情况下的存活并不是通过将自身程序从一个实体对象转移到另一个而达成的。如果假定人们愿意承认人类在随着时间推移逐渐更换自身部件的过程中能够持续存活，那么对于人工智能何不也这样认为呢？当然，在第五章我强调过，人格在大脑部件的替换过程中能否持续存活也是个有争议的问题；也许就像德里克·帕菲特、尼采和释迦牟尼所说的那样，自我只是一种幻象。

你的心智是程序的一个实例吗?

在我关于Data上校的论述中，核心论点是存活应该是个例层面上的概念。但这一论点能走多远？我们之前谈到，心智并非程序，但它有没有可能是某个程序的实例——也就是运行这个程序或者储存它的信息模式的东西？某个程序的具体实例属于实在实体——计算机是个典型的例子，虽然从技术上来说，程序的实例不但包括计算机中的电路，还有当程序运行时在计算机之中发生的物理事件。系统中物质与能量的模式对应着程序的基本构成（例如变量、常量等），尽管这种对应可能并非显然[21]。我们将这一立场称为**心智的软件实例观点**。

137

心智的软件实例观点

心智是运行某个程序的实体（这里的程序是大脑实现的算法，原则上能够通过认知科学的研究来发现）。

不巧的是，这个新的立场并不利好融合乐观主义者。“心智就是大脑的软件”这个口号并不是这一观点的准确描述。与此不同，这一观点想要表达的是心智是运行对应程序的某种实体。要明白软件实例观点与软件观点有何不同，我们注意到软件实例观点并不认为基姆·索齐能在上传过程中存活下来；我此前关于时空不连续性的疑虑仍然适用。与修正模式主义一样，每个上传体，即使下载到身体之后，跟原型都不是同一个人，尽管他们拥有相同的程序。

上面的定义明确了这一程序必须在大脑上运行，但我们可以简单地将其推广到其他载体，例如硅基的计算机。

心智的广义软件实例观点

心智是运行某个程序的实体（这里的程序是大脑或者其他认知系统实现的算法，原则上能够通过认知科学的研究来发现）。

心智的广义软件实例观点与原本的软件观点不同，它避免了将心智视为抽象实体的这一范畴谬误。但与原本的软件观点以及相关的模式主义立场类似的是，广义软件实例观点同样援引了认知科学中大脑的计算主义立场。

138

广义软件实例观点是不是身心问题的一条实质性的解决路径呢？我们注意到，它并没有告诉我们运行程序的事物（也就是心智）背后的形而上学性质是什么。所以它并没有提供什么新信息。广义软件实例观点要成为关于心智本性的有用理论，就必须对之前提到过心智本性的各种立场做出明确判断。

比如说，先来考虑泛灵论。作为程序实例的系统，组成它的基本单元自身是否拥有意识体验？广义软件实例观点没有回答这个问题。此外，它同样与物理主义相容，这一观点认为所有事物要么由物理所描述的东西组成，要么就是某个物理理论中的基本性质、法则或者实体。

属性二元论也与作为程序实例的心智相容。例如我们考虑这一观点最流行的版本，也就是戴维·查默斯的自然主义属性二元论。查默斯认为，类似**看见日落的缤纷色调或者闻到意式浓缩咖啡的香气**这种特性是由复杂结构涌现而来的性质。与泛灵论不同，这些基本的意识性质在基本粒子（或者弦）中并不存在——它们处于更高的层次，在高度复杂的系统中存在。尽管如此，这些性质仍是现实最基本的特性[22]。所以无论物理学发展得如何细致完善，它永远是不完整的，因为除了物理性质之外还存在着非物理的全新基本性质。我们发现广义软件实例观点与这一观点相容，因为运行程序的系统可以拥有某些非物理的性质，而这些性质自身又可能属于现实的基本特性。

139

回想一下，实体二元论声称现实包括两种不同的实体：物质实体（例如大脑、岩石、身体）以及非物质实体（例如心智、人格、灵魂）。运行程序的那种实体有可能是非物质实体，所以广义软件实例观点也相容于实体二元论。这听起来可能很奇怪，所以很有必要考虑这种说法如何能够成立；细节取决于涉及的实体二元论具体是哪一种。

假设有某位实体二元论者跟笛卡儿一样，认为心智完全处于时空之外。根据笛卡儿的说法，尽管心智并非处于时空之中，但在人仍然存活的时间里，心智仍然能够导致大脑中某些状态的出现，而反之亦然[23]。（这是怎么做到的？笛卡儿恐怕从未提出可行的方案，他断言心智和大脑的相互作用在松果体发生，但这似乎毫无根据。）

认为心智是程序的实现这种观点是如何能够兼容笛卡儿二元论的？对于这一组合，心智虽然是程序的实例，但也是非物质实体，处于时空之外。只要个体还在世界上存活着，心智就会导致大脑处于各种状态。（注意到心智虽然并非物质实体，但也并非抽象实体，因为它拥有因果和时间上的性质。没有空间属性是抽象实体的必要条件，但不是充分条件。）我们可以将这一观点称为**计算笛卡儿主**

义。这可能听起来很奇怪，但功能主义的专家，例如哲学家希拉里·帕特南（Hilary Putnam），早就认识到图灵机的计算①能在笛卡儿主义的灵魂内实现[24]。

有关身心之间的因果关系，计算笛卡儿主义所描绘的图景令人迷惑，然而原本的笛卡儿主义观点本就如此，认为心智虽然没有时空属性，但却以某种方式与物质世界产生了因果关系。

140

无论如何，并非所有实体二元论都如此极端。比如说非笛卡儿实体二元论，E. J. 洛（E. J. Lowe）就持有这一观点。洛认为自我与身体截然不同，但与笛卡儿二元论形成明显对比的是，洛的二元论并未认为心智与身体完全分离，也不认为心智没有空间属性。在这一观点中，心智有可能无法脱离身体而存在，而且心智作为时空之中的存在，能够拥有形状或位置之类的时空性质[25]。

为什么洛会持有这种观点呢？洛认为，自我能够在不同种类的物质载体上存活，所以它的延续性条件与身体不同。我们之前看到，这种有关延续性的断言总会引起争议。但你不需要认同洛对于延续性的直觉，因为这里之所以提到他的理论，目的只是展示一个非笛卡儿实体二元论立场。广义软件实例观点与非笛卡儿实体二元论之间没有矛盾，因为程序的实例也可以是这种非物质的心智。这一立场要比笛卡儿主义更难否定，因为它认为心智仍然属于自然世界的一部分。但在这里，软件实例观点仍然没有给出判断。

① 译者注：图灵机是数学中的一种抽象机器，一般认为它能实现所有实际上可行的计算（即丘奇-图灵论题）。

从本质上来说，尽管广义软件实例观点并没有贸然肯定“心智属于抽象事物”这一不太可信的断言，但除了心智是某种运行程序的东西以外，它也没有告诉我们心智的本性是什么。原则上任何东西都能做到这一点——笛卡儿式的心智、由拥有基本意识体验性质的基本粒子组成的系统，如此等等。于是，这并不算是身心问题的某种立场。

来到这里，也许广义软件实例观点的支持者会说他们想要做出的是另一种在形而上学中有意义的断言，讨论的是心智的时间延续性。也许他们持有如下观点：

141

> 作为某种类型T的程序实例，这是心智的**本质属性**，没有这个属性，心智就无法持续存在。

我们知道，所谓的偶有属性就是即使个体不再拥有也能够继续存在的属性。例如，你可以改变发色。与之相对，你的本质属性就是对你而言必须拥有的属性。之前我们讨论过关于人格延续性的争论，同样，广义软件实例观点的支持者可以说，作为某个程序T的实例正是持续拥有当前心智的关键，而当T转变为另一个程序P时，个体的心智就不复存在。

这种立场有道理吗？其中一个问题是，程序不过是算法，所以如果算法中任何一部分发生改变，那么程序也会改变。大脑的突触连接无时无刻不在发生改变，这反映了大脑对新内容的学习，而当你学到新东西，比如说新的技能时，会导致你的“程序”发生变化。但如果程序改变了，那么心智也不复存在，随之出现的是另一个全新的心智。一般的学习不应该导致你心智的死亡。

然而软件实例观点的支持者有办法回应这一反对意见。他们可以说程序能够拥有演变的历史，在时刻 t 可以用类型 T_1 的算法来描述，而在之后的某一时刻可以用 T_1 的一个修改版本 T_2 来描述。尽管技术上来说 T_1 和 T_2 并不相同，其中至少包含某些指令上的差异，但 T_1 可以视为 T_2 的祖先。因此程序仍然继续运行。在这一观点下，个人就是某个程序的实例，而这个程序能够以某种方式改变，但改变后仍然是同一个程序。

142

江河、水流与自我

我们注意到，这就是之前提到过的超人类主义“模式主义”观点，但经过修改，使得人格不再是模式，而是模式的**实例**。此前我们讨论过类似的观点，就是修正模式主义。所以我们绕了一大圈又回到了起点。回顾一下库兹韦尔的说法：

> 我就像水流在迎面冲击岩石时泛起的模式。实际组成水流的水分子每微秒都在改变，但模式本身能持续数小时，甚至数年。[26]

当然，库兹韦尔也知道，随着时间流逝，模式也会改变。毕竟这一段选自他的著作，内容是在技术奇点中如何成为后人类。库兹韦尔这段话也许会引发你的共鸣：在某种重要的意义上，你似乎跟一年前的你是同一个人，尽管你的大脑发生了变化，你也许淡忘了许多记忆或者添加了某些新的神经回路，比如说对工作记忆系统的增强，但仍然存活了下来。那么，也许你就像一条江河或者一道水流。

讽刺的是，河流的这个隐喻来自苏格拉底前出现的古希腊哲学家赫拉克利特（Heraclitus），用以表达现实不断流变这一观点。事物的持续存在只是幻觉，其中也包括自我或者心智的恒存性。数千年以前，赫拉克利特这样写道："人无法两次踏入同一条河流，因为河不再是那条河，而人也不再是那个人。[27]"

143

但库兹韦尔说的是自我能够在流变中生存。修正模式主义者面临的挑战就是抵挡赫拉克利特的攻击：证明在连续变化这一背景下的确存在不变的自我，而这种不变不仅仅是单纯的幻觉。修正模式主义者能否在身体中分子的不断改变这一赫拉克利特式的流动中钉住不变的自我？

在这里，我们碰上了一个熟悉的问题。因为我们无法明确某个模式实例在什么时候能够继续存在，在什么时候不能，所以我们同样没有足够的理由采信软件实例观点。在第五章我们提出了以下问题：如果你是某个模式的实例，那么你的模式变化时会发生什么？你会死去吗？在类似上传的极端情况中，答案似乎很明显。然而，如果只是为了减缓衰老的影响，日常利用纳米机器人进行细胞维护，这大概不会影响人格同一性。但我们看到，中间地带的情况并不明朗。要记住，通向超级智能的路径很有可能途经属于中间地带的大脑增强，随着时间积累，它们会大大改变个体的认知和感知构造。此外，正如我们在第六章①看到的那样，边界的选择似乎过于任意，因为一旦选择了某一边界，那么我们就能找出一个例子，说明应该外推这一边界。

所以，如果软件实例观点的支持者对于心智持续性有某种立场的话，之前麻烦的老问题又会出现。我们的确转了个大圈回到了原点，得到的只是终于能体会到这些关于心智和自我本性的奥秘是多么令人困惑而众口纷纭。亲爱的读者，这就是我期望的旅程终点，因为如果要让心智在未来持续存在，我们必须意识到这些问题在形而上学中的深度。

144　现在作为讨论的总结，我们回到索齐的案例。

回到阿尔科

基姆死后三年，乔希收集了她有纪念意义的遗物，回到了阿尔科。他实现了对她的承诺，将她的东西放到了她复活时能找到的地方[28]。坦白说，我希望这一章没有得出现在的结论。如果软件观点正确的话，那么至少在原则上心智会是那种能够上传下载甚至重启的东西。这就允许大脑拥有某种死后生活，如果你愿意这样称呼这

① 译者注：原文作第五章，疑有误。

种状态的话——像基姆这样的心智可以通过这种方式从大脑的死亡中幸存下来。但我们在思考后发现，软件观点会将心智变为抽象实体。所以我们考虑了另一个相关的观点，它认为心智是程序的实例。然后我们看到，软件实例观点同样不支持上传，尽管它是一种有趣的立场，但在形而上学的角度看来，它并没有给出多少有用的信息，算不上关于心智本性的立场。

尽管我无法得知有关基姆人体冷冻过程的医疗细节，但在《纽约时报》的报道中我找到了希望：医学成像的证据表明，基姆大脑的外层成功得到了冷冻保存。正如哈蒙所说，大脑的新皮层作为记忆和语言的关键，在“我们是谁”这个问题中占据着中心地位[29]。所以对于受损部分基于生物做出的某种重建可能会允许人格的延续。比如说，我发现即使在今天就已经有人在积极开发用于海马体的神经假体；也许大脑中类似海马体的部分有着普遍的共性，所以利用生物假体或者甚至是基于人工智能的假体来替换这些区域并不会改变一个人。

145

当然，在本书中，我一直在强调其中巨大的不确定性，原因就是围绕人格同一性的论争以及它本身的争议性。但基姆的困境完全不同于那些寻找可选大脑增强的人，例如那些随意走进我们假想的心智设计中心的购物者。这些悠闲浏览大脑增强项目清单的消费者，完全可以因为某一增强项目风险太大而拒绝接受这一项目，但对于濒临死亡的病人，或者那些需要神经假体才能从人体冷冻中苏醒的病人，他们接受高风险的治疗方案时已经没有什么可以失去了，反而有机会得到些什么。

穷途末路，只能孤注一掷。如果技术允许的话，为了使基姆能够复活，决定使用一个甚至多个神经假体似乎非常合理。与之相对，如果是以上传她的大脑作为某种形式的复活，那么我对此毫无信心。至少在作为存活的某种方式时，上传的理论基础存在漏洞。

那么我们应否完全抛弃上传项目？即使上传技术并不能实现数字化永生原本的承诺，但它也许仍然对我们这个物种有好处。比如说，全球性灾难有可能令地球不再适合生物形式的生命居住，在无法保存人类本身的情况下，上传可能是保存人类生活和思考方式的一条途径。如果这些上传体的确拥有意识，那么我们这个种族的成员在面对自身灭绝时也许就会意识到这一点的价值。此外，即使上传体没有意识，在太空旅行中如果需要将智能个体送进太空，那么比起作为生物的人类个体，采用人类心智的模拟可能是更为安全有效的办法。大众一般认为载人航天项目更为激动人心，尽管有机器人进行的项目更为高效。也许上传心智的采用也能让一般大众感到振奋。也许这些上传体甚至能够在不适宜居住的行星进行地球化改造活动，为仍是生物的人类准备好生存环境。世事难以预料。

此外，大脑上传也有利于有关大脑的疗法与增强项目的发展，也许能给人类或者人类以外的动物带来好处，因为对部分或全部大脑的上传也许能够帮助我们有效模拟生物大脑并从中学习。对于人工智能研究者来说，如果他们希望建造在智能上能够匹敌人类的人工智能，那么大脑模拟也可能是发展人工智能的大好途径。也许以人类为蓝本的人工智能在面对我们时也更可能抱持善意，谁知道呢？

最后，某些人类可能希望拥有自身的数字副本，这也不难理解。如果你发现自己快要走到生命的尽头，你也许希望留下自己的一份复制品，用以与孩子沟通又或者是完成未竟的事业。的确，个人助理——也就是未来的 Siri 和 Alexa——也许可以是我们曾经深爱过的人类在死后留下的上传副本。也许我们的朋友会是自己的副本，但经过我们自己认为合适的调整。也许我们甚至会发现这些数字副本自身就是拥有知觉的存在，理应得到尊重。

147

结语：大脑的死后生活

这本书的核心是哲学与科学之间的对话。我们已经看到，新兴的科学与技术能够质疑并扩展我们对心智、自我和人格的哲学理解。反过来说，哲学也让我们能更敏锐地意识到这些新兴技术的可能性：拥有意识的机器人能否出现，能否用微型芯片代替大脑的相当一部分并且认为代替之后你还是你，如此等等。

在本书中，我们短暂尝试探索了心智的设计空间。尽管我们不知道永存公司和心智设计中心这种事物会不会成真，但我也不会惊讶于它们的出现。当前发生的事件就能说明一切：在这个时代，我们预计人工智能会在接下来的几十年内替换大部分蓝领和白领的工作，在这段时间中也会有人积极尝试将人类与机器融合。

我认为，要得出精巧的人工智能会拥有意识的结论还为时尚早。与此相对，我认为应该采取中间立场，既要否定中文屋这个思想实验，但又不会因为大脑的计算本质或者同构体的概念可行性而认定复杂人工智能会拥有意识。也许在实践中拥有意识的人工智能并不会被建造出来，又或者物理法则并不允许我们在非生物的载体上创造意识。但只要仔细衡量我们开发的人工智能是否拥有意识，我们就有办法仔细处理这一问题。如果我们对所有这些问题进行公共辩论，同时又能超越对技术的恐惧，以及避免轻易断定表面上类似人类的人工智能就已经拥有意识的话，那么我们就能更准确地判断我们应否建造拥有意识的人工智能，又应该如何建造。社会应该小心考虑不同的选择，而所有利益相关者都必须参与其中。 148

此外，我还强调，从伦理的角度来看，至少在开发出我们认为可靠的意识测试之前，最好假定足够精细复杂的人工智能可能拥有意识。任何失误都可能在讨论人工智能在伦理上应否作为有知觉的存在而得到特殊待遇时将我们引入歧途，而我们最好宁可犯错也要谨慎。如果我们无法认识到某台机器实际上拥有知觉的话，这不仅会引发不必要的痛苦和折磨，而且任何对人工智能的不友善最后可能会变成自作自受，就像电影《机械姬》和《我，机器人》所描绘的那样，因为人工智能可能会以我们对待它们的方式来对待我们。

某些年轻的读者可能有一天会有机会自己决定进行什么样的心智设计。如果你也属于这一群读者的话，我的忠告就是：在进行大脑增强之前，先考虑一下自己到底是什么。如果你和我一样不确定人格最终的本质是什么的话，那就请你选择一条更安全谨慎的道路：尽可能坚持采用基于生物、循序渐进的疗法和大脑增强，而它们产生的影响应当类似于正常大脑在学习和成长过程中发生的那类变化。要谨记许多思想实验都令我们质疑那些关于大脑增强更为激进的立场，还有关于个人同一性的论争并没有任何结论得到普遍赞同的事实，因此这一谨慎的立场最为稳妥。最好避免那些迅速或者根本性的改变，即使它们并不改变个体的载体类型（例如从碳基转移到硅基）。此外，为求慎重，最好避免尝试将心智“转移”到另一种载体上。

149

在更深入了解人造意识之前，对于大脑中负责意识的部分，我们无法确信它们的关键精神功能可以安全转移到人工智能部件之中。当然，我们还不能断定人工智能是否拥有意识，所以我们也不知道如果你尝试与人工智能融合的话，那么你，或者用更准确的说法，就是你的人工智能副本，作为个体是否仍然拥有意识。

到现在，你应该能够理解为什么心智设计中心一日游也许会令人苦恼，甚至充满危险。我多么希望能给你指引一条清晰明白而毫无争议的道路，来引导你进行心智设计的选择。但我最后给你的信息只是这样：当我们考虑心智设计的选择时，第一要件就是必须以抱持形而上学的谨慎心态来做出决定。要记住存在的风险。心智，无论属于人类还是机器人，它的未来都是需要公开对话以及哲学沉思的问题。

150

附录：超人类主义

超人类主义并不是铁板一块的意识形态，但它确实包括一份正式宣言以及一个相关组织。世界超人类主义者协会（World Transhumanist Association）①是一个全球性的非营利性组织，它于1989年由哲学家戴维·皮尔斯（David Pearce）和尼克·博斯特罗姆创立。《超人类主义宣言》（*Transhumanist Declaration*）陈述了超人类主义的主要纲领[1]，现收录如下②：

1. 在未来，人类会从根本上被技术改变。我们预见了重新设计人类生存状态的可行性，这些生存状态的参数包括不可避免的老化、人类智能以及人工智能的限制、无法自行选择的心理构成、苦难以及被拘束在地球这颗行星上的境况。
2. 我们应该进行系统性研究，以理解这些即将到来的进展及其长远影响。
3. 超人类主义者认为，与其禁止或者取缔新的技术，不

① 译者注：现已更名为Humanity+。
② 译者注：这一宣言有多个版本。本书收录的是较旧的版本。

如对其抱以开放与接纳的心态，这样更有可能将其为我们所用。

4. 超人类主义者倡导向那些希望利用技术来扩展自身精神和身体（包括生殖）能力或者提升自身对生活掌控的人赋予相关的道德权利。我们寻求超越目前生物限制的自我提升。

151

5. 计划未来时，我们必须考虑技术能力得到巨大发展的可能性。如果由于对技术的恐惧以及不必要的禁令导致潜在好处未能得到实现，那将会是一场悲剧。但另一方面，如果智慧生命由于某些涉及先进技术的灾难或者战争而灭绝的话，这也同样会是悲剧。
6. 我们需要建立一个讨论空间，让人们能够理性辩论以后应该采取什么行动，此外还要建立能够实施负责任决策的社会秩序。
7. 超人类主义倡导涵括一切有知觉个体的福祉（无论是人工智能、人类、后人类还是非人类动物），也包含了现代人文主义的许多原则。超人类主义并不支持任何特定的党派、政治家或政纲。

这一文件后面还附有更长也包含更多信息的《超人类主义者常见问题解答》，可在网上查阅[2]。

152

致谢

本书的写作令人愉悦，我非常感谢那些向这一工作提出反馈的人，以及资助本书相关研究的机构。第二到第四章是在斯坦福研究所（Stanford Research Institute）进行一项关于人工智能意识的激动人心的项目时所写下的。第七章来自我在美国国家航空航天局进行的一项研究项目以及与位于美国新泽西州普林斯顿神学研究中心的研究人员进行的一系列合作。特别感谢邀请我到那里的罗宾·洛文（Robin Lovin）、乔希·莫尔丁（Josh Mauldin）和威尔·斯托拉（Will Storrar）。

我同样必须感谢美国普林斯顿高等研究所的皮特·赫特（Piet Hut）邀请我作为访问学者到访研究所。赫特和奥拉夫·维特科夫斯基在那里组织了每周一次的人工智能午餐例会，我从例会的参加者那里学到了不少东西。埃德温·特纳与我有多次合作，无论是在高等研究所还是在神学研究中心，我非常享受我们合作的成果。在人工智能、心智与社会（AI, Mind and Society）研究小组成员关于这些问题的讨论中，我也获益良多。尤其是要特别感谢玛丽·格雷格（Mary Gregg）、珍妮尔·索尔兹伯里（Jenelle Salisbury）和科迪·特纳（Cody Turner）对本书章节提出颇有见地的意见。

书中一些章节来自此前发表于《纽约时报》《鹦鹉螺》（*Nautilus*）和《科学美国人》（*Scientific American*）上的文章。第四章的主题来自《人工智能伦理》（*Ethics of Artificial Intelligence*, Liao, 2020）中集录的一篇我的文章，并对其做了扩展。第六章的材料则是来自拙作《科幻小说与哲学》（*Science Fiction and Philosophy*）中的一篇文章《心智扫描：人类大脑的超越与增强》（*Mindscan: Transcending and Enhancing the Human Brain*），同样进行了扩展。第七章来自收录在Dick（2013）以及Losch（2017）这两本天文生物学文集的文章。

153

在本书最后的修饰过程中，我作为特聘学者任职于美国国会图书馆。我非常感谢在克鲁格中心（Kluge Center）邀请我的人，尤其是约翰·哈斯克尔（John Haskell）、塔尔维斯·汉斯莱（Travis Hensley）和丹·图雷洛（Dan Turello）。我同样感激美国康涅狄格大学（University of Connecticut）同事的反馈，在本系的午餐时间以及在一场认知科学研讨会中，我都讲述了这些内容。我同样在其他机构进行过类似的报告，也非常感谢当时的听众与主持人，这些机构包括英国的剑桥大学（Cambridge University）、美国的科罗拉多大学（University of Colorado）、耶鲁大学（Yale University）、哈佛大学（Harvard University）、马萨诸塞大学（University of Massachusetts）、斯坦福大学（Stanford University）、亚利桑那大学（University of Arizona）、波士顿大学（Boston University）、杜克大学（Duke University）、24Hours，以及普林斯顿大学的认知科学系、等离子物理系和伍德罗·威尔逊学院（Woodrow Wilson School）。

我无比感谢本领域研讨会的举办者与报告者。首先是由罗布·克洛斯（Rob Clowes）、克劳斯·加德纳（Klaus Gardner）和伊内斯·伊波利托（Inês Hipólito）在葡萄牙里斯本举办的“心智、自我与技术”研讨会。然后我同样感谢捷克科学研究院，他们在2019年6月于布拉格主办的恩斯特·马赫研讨会中为本书进行了庆祝。我也要感谢美国公共电视公司在电视上播放了我的讲座，其中的材料最后成为了本书的第六章，还有福克斯电视频道的格雷格·古特费尔德（Greg Gutfeld），他邀请我用一整个节目的时间谈论了本书的内容。

斯蒂芬·凯夫（Stephen Cave）、乔·科拉比（Joe Corabi）、迈克尔·许默（Michael Huemer）、乔治·马瑟（George Musser）、马特·罗哈尔（Matt Rohal）和埃里克·施维茨格贝尔（Eric Schwitzgebel）给全书草稿提供了详尽的意见，为本书增色不少。在讨论书中内容时，我同样大大获益于与约翰·布罗克曼（John Brockman）、安东尼奥·凯拉（Antonio Chella）、戴维·查默斯、埃里克·亨尼（Eric Henny）、卡洛斯·蒙特马约尔（Carlos Montemayor）、马丁·里斯（Martin Rees）、戴维·扎纳（David Sahner）、迈克尔·所罗门（Michael Solomon）和丹·图雷洛的对话。我也很感激乔希·希什勒（Josh Schishler）跟我分享他与基姆·索齐的经历。我要特别感谢普林斯顿大学出版社无比出色的团队细心地完成了本书的编辑，包括希德·威斯特摩兰（Cyd Westmoreland）、萨拉·亨宁-斯托特（Sara Henning-Stout）、罗布·滕皮奥（Rob Tempio），还有其他人，其中要

特别感谢的是马特·罗哈尔。（天啊，我怕自己忘记了任何一个人为
154 此付出的努力和见解，如果有遗漏的话，我很抱歉。）

最后，我要感谢我的丈夫戴维·罗尼穆斯（David Ronemus）。我们有关人工智能的美妙对话为本书提供了灵感。这本书也是献给我们心爱的孩子埃琳娜（Elena）、亚历克斯（Alex）和艾丽（Ally）的。如果这本书能够稍微帮助年轻一代处理我所讨论的技术与哲学
155 挑战的话，我将深感荣幸。

注释

引言：到心智设计中心一游

1.《超时空接触》，由罗伯特·泽米吉斯（Robert Zemeckis）导演，1997.

2. 例见生命未来研究所（Future of Life Institute）的公开信（https：//futureoflife. org/ai-open-letter/），以及 Bostrom（2014），Cellan-Jones（2014），Anthony（2017），Kohli（2017）.

3. Bostrom（2014）.

4. Solon（2017）.

第一章：人工智能时代

1. Müller and Bostrom（2016）.

2. Giles（2018）.

3. Bess（2015）.

4. 部分此类研究的信息可以在 clinicaltrials. gov 上查阅，这个数据库收录了世界各地由公共以及私人资金资助的临床研究。同样可以参见某些由美国国防高级研究计划局（Defense Advanced Research Projects Agency，简称 DARPA），也就是美国国防部负责新兴技术的部门进行的某些研究及其相关的公开讨论：DARPA（n. d. a）；DARPA（2018）；*MeriTalk*（2017）. 亦可参见 Cohen（2013）.

5. Huxley（1957, pp. 13 - 17）. More and Vita-More（2013）收录了一系列关于超人类主义的经典论文。
6. Roco and Bainbridge（2002）；Garreau（2005）.
7. Sandberg and Bostrom（2008）.
8. DARPA（n. d. b）.
9. Kurzweil（1999, 2005）.

第二章：人工智能的意识问题

1. Kurzweil（2005）.
2. Chalmers（1996, 2002, 2008）.
3. 人工智能的意识问题也与所谓“他心问题”的经典哲学问题不同。我们每个人通过自省都能断定自身拥有意识，但我们怎么能确切知道周围的其他人类也是如此？这一著名问题体现了哲学中的怀疑论。对他心问题的典型反应是，尽管我们无法确切知道我们周围的人拥有意识，但我们能够推断出其他正常人类同样拥有意识，因为他们拥有与我们自身相似的神经系统，而且他们表现出与我们一致的基本行为，例如疼痛时会皱眉、对友谊的寻求，等等。其他人类做出这些行为的最合理解释就是他们同样是拥有意识的个体，毕竟他们的神经系统与我们一样。然而他心问题与人工智能的意识问题不同。首先，他心问题是在人类心智的前提下提出的，而不涉及机器意识。其次，他心问题的主流解答并不适用于人工智能的意识问题，因为人工智能并没有像我们这样的神经系统，而且他们的行为对我们来说可能相当陌生。此外，如果人工智能的行为的确类似人类，这也有可能只是由于为它们编写的程序令它们的行为看似出于某种内心感受，所以我们无法从行为上推断出它们拥有意识。

4. 人们常常将生物自然主义与约翰·瑟尔的工作联系在一起，但我们在这里所说的“生物自然主义”并不包括瑟尔对于物理主义和关于心灵的形而上学的更为广泛的立场。关于这一更为广泛的立场，参见 Searle（2016，2017）。对我们这里而言，生物自然主义只是一种反对人造意识的一般立场，例见 Blackmore（2004）。值得注意的是，瑟尔本人似乎赞同神经形态的计算拥有意识的可能性；他的原始论文攻击的是符号处理形式的计算，其中计算由规则指定的符号推演所完成，见瑟尔在 Schneider and Velmans（2017）中的章节。
5. Searle（1980）.
6. 相关讨论参见 Searle（1980），其中提到了这一问题以及对答复的回应。
7. 所谓“泛灵论”观点的支持者认为基本粒子也有极其微小的意识，即使他们也认为更高层次的意识涉及大脑各个部分之间的复杂相互作用与整合，其中包括脑干和丘脑。无论如何，我反对泛灵论（Schneider 2018b）.
8. 关于这种技术乐观主义一些流传甚广的描述，参见 Kurzweil（1999，2005）
9. 这一认知科学中主要的解释框架被称为“功能分解方法”，因为它解释系统心智的方法就是将系统分解为组成部分之间的因果联系，而这些组成部分本身又能通过它们自身子系统之间的因果关系来解释（Block 1995b）。
10. 用哲学术语来说，这种系统应被称为“精确功能同构体”。
11. 在这里为了简化，我只讨论了在大脑中替换神经元的情况。比如说，也许神经系统中的其他地方，比如胃肠道，那里的神经元也需要处理。另外，也许需要处理的还有神经元以外的细胞（例如神经胶质细胞）。这种思想实验可以稍微改动，假设被替换的不止大脑中的神经元。
12. Chalmers（1996）.

13. 在这里我假设其中包含了生物化学的性质。从原则上来说，如果这些性质与认知相关，那么相关的功能描述也可能包括这些性质相关表现的抽象刻画。
14. 然而在大脑上传的情境中，得到的副本有可能是完整而精确的。就像同构体的创造一样，人类大脑上传仍然处于遥远的未来。

第三章：意识工程

1. Boly et al.（2017），Koch et al.（2016），Tononi et al.（2016）.
2. 这一搜索是在 2018 年 2 月 17 日进行的。
3. Davies（2010）；Spiegel and Turner（2011）；Turner（n. d.）.
4. 其中一位病人令人扼腕的故事详见 Lemonick（2017）.
5. 见 McKelvey（2016）；Hampson et al.（2018）；Song et al.（2018）.
6. Sacks（1985）.

第四章：如何抓住人工智能僵尸

1. Bringsjord and Bello（2018）中提出了关于高度发达人工智能中功能意识的公理。Ned Block（1995a）中讨论了名为“访问意识”（access consciousness）的相关概念。
2. Bringsjord and Bello（2018）.
3. 见 Schneider and Turner（2017）；Schneider（forthcoming）.
4. 当然，这并不是说失去听觉的人完全无法欣赏音乐。
5. 熟悉弗兰克·杰克逊（Frank Jackson）的知识论证的读者会发现我借用了他著名的思想实验，其中包括一位神经科学家玛丽，我们假设她知道所有关于色彩视觉的“物理事实”（即有关视觉的神经科学中的事实），但从未看到过红色。杰克逊问道：当玛丽第一次看到红色的时候，会发生什么？她是不是学到了什么新事物——某些超越了神经科学和物理学的事实？哲学家针对这一案例进行了详尽的辩论，其中一些人相信这一例子有效质疑了意识属于物理现象的这一想法，见 Jackson（1986）.

6. Schneider（2016）.
7. 见 Koch et al.（2016）; Boly et al.（2017）.
8. Zimmer（2010）.
9. Tononi and Koch（2014, 2015）.
10. Tononi and Koch（2015）.
11. 此后我会将这一水平的 Φ 值粗略地称为“高 Φ 值”，因为目前仍然没有办法计算生物大脑的 Φ 值。
12. 见 Aaronson（2014a, b）.
13. Harremoes et al.（2001）.
14. UNESCO/COMEST（2005）.

第五章：你能与人工智能融合吗?

1. 应注意到超人类主义并未赞成所有种类的增强。例如，尼克·博斯特罗姆就不赞成社会地位增强（主要用于提升社会地位的增强），但他赞成那些能够允许人类开发出各种方式探索“更大的存在模式空间”的增强。
2. More and Vita-More（2013）; Kurzweil（1999, 2005）; Bostrom（2003, 2005b）.
3. Bostrom（1998）; Kurzweil（1999, 2005）; Vinge（1993）.
4. Moore（1965）.
5. 有关这个问题的主流反增强立场，例见 Annas（2000）, Fukuyama（2002）, Kass et al.（2003）.
6. 我此前的讨论可参见 Schneider（2009a, b, c）。亦可参见斯蒂芬·凯夫（Stephen Cave）在 2012 年出版的关于永生的优秀著作。

7. Kurzweil（2005，p. 383）.

8. 心理连续性理论有多个不同版本。例如，我们可以赞同（一）：记忆对人格至关重要的想法。但我们也可以采用（二）：一个人包括记忆的整体心理构成才是本质。在这里，我采用的是第二种概念的一个变体——它的灵感来自认知科学——尽管这一观点的许多批评对于（一）和（二）的其他变体来说同样有效。

9. Kurzweil（2005，p. 383）. 我们这里讨论的基于大脑的唯物主义要比心智哲学中的物理主义更为严格，因为某些物理主义者可以认为你能在载体的根本性改变中存活下来，比如一开始基于大脑，之后则是作为上传体。关于心智哲学中唯物主义立场的更广泛讨论，参见 Churchland（1988）及 Kim（2005，2006）。埃里克·奥尔森（Eric Olson）提出了关于自我同一性的一个颇具影响力的唯物主义立场，他认为一个人本质上并不等同于一个人格，而是一个人类有机体，见 Olson（1997）。一个人只有在一生中的一段时间内拥有人格，比如说，如果一个人处于脑死亡的状态，作为动物的这个人并没有停止存在，但人格却不再存在。我们本质上并不是人格。然而，我并不确定我们是不是人类有机体，因为大脑在个人同一性中扮演着特殊的角色，如果大脑得到移植，我们能与大脑一同转移。奥尔森的立场并不认同这一点，因为大脑只是众多器官之一，见他在 Marshall（2019）中的评论。

10. 社会学家詹姆斯·休斯（James Hughes）持有某种超人类主义的无我观点，见 Hughes（2004，2013）。关于这四个立场的综述，参见 Olson（1997，2017）及 Conee and Sider（2005）.

11. 然而我会在第八章批评心智计算理论的这一版本。我们应该注意到，有关心智的计算理论可以援引多种关于思想构成的计算性理论：联结主义、（以计算面貌出现的）动力系统理论、符号或者思想语言立场，还有它们的组合。对于我们的讨论来说，这些差异并不重要。我在其他地方详尽地讨论过这些问题，见 Schneider（2011）.

12. Kurzweil（2005，p. 383）.
13. Bostrom（2003）.

第六章：心智扫描

1. Sawyer（2005，pp. 44－45）.
2. Sawyer（2005，p. 18）.
3. Bostrom（2003）.
4. Bostrom（2003，section 5. 4）.

第七章：充满奇点的宇宙

1. 这里我非常感激以下的开创性工作：Paul Davies（2010），Steven Dick（2015），Martin Rees（2003），Seth Shostak（2009）等等。
2. Shostak（2009），Davies（2010），Dick（2013），Schneider（2015）.
3. Dick（2013，p. 468）.
4. Mandik（2015），Schneider and Mandik（2018）.
5. Mandik（2015），Schneider and Mandik（2018）.
6. Bostrom（2014）.
7. Shostak（2015）.
8. Dyson（1960）.
9. Schneider，"Alien Minds，" in Dick（2015）.
10. Consolmagno and Mueller（2014）.
11. Bostrom（2014）.
12. Bostrom（2014，p. 107）.
13. Bostrom（2014，pp. 107－108，123－125）.
14. Bostrom（2014，p. 29）.

15. Bostrom (2014, p. 109).

16. Seung (2012).

17. Hawkins and Blakeslee (2004).

18. Schneider (2011).

19. Baars (2008).

20. Clarke (1962).

第八章：你的心智是软件程序吗?

1. 引自 The Guardian (2013).

2. Harmon (2015a, p. 1).

3. 见 Harmon (2015a); Alcor Life Extension Foundation (n. d.).

4. Crippen (2015).

5. 感谢基姆·索齐的男朋友乔希·希什勒有关于此的电子邮件与电话交流(2018 年 8 月 26 日)。

6. Harmon (2015a).

7. Harmon (2015a).

8. Harmon (2015a).

9. Schneider (2014); Schneider and Corabi (2014)。有关上传不同阶段的概述，见 Harmon (2015b).

10. Schneider (2014); Schneider and Corabi (2014)。我们从未观察到同时占据多个位置的物理对象。即使对于在测量时会坍缩的量子对象来说亦是如此。理论中的多重存在只能被间接观察到，它也引发了物理学家与物理哲学家之间的激烈争论。

11. 例如 Ned Block (1995b) 就是这一观点的经典文献，题为“心智是大脑的软件”。许多援引软件观点的学者对于心智运作的刻画更有兴趣，而不是以此贸然提出关于大脑增强或者上传的断言。我会关注融合乐观主义者的主张，因为正是他们提出了关于根本性大脑增强的断言。

12. Wiley（2014）.

13. Mazie（2014）.

14. Hayworth（2015）.

15. Schneider（2011）.

16. Descartes（2008）.

17. 有关唯心主义颇有教益的近期论文集，见 Pearce and Goldschmidt（2018）。关于为何某些版本的泛灵论实际上属于某种形式的唯心主义的讨论，参见 Schneider（2018a）.

18. 例见 Heil（2005），Kim（2006）.

19. 为此的辩护论证见 Schneider（2011b）.

20. Block（1995b）.

21. 用算法实现这一概念取代的话，由于众多原因会带来问题。关于这一点的讨论，见 Putnam（1967）及 Piccinini（2010）.

22. Chalmers（1996）.

23. Descartes（2008）.

24. Putnam（1967）.

25. Lowe（1996，2006）。洛更偏向于谈论自我而非心智，所以我擅自将他的立场放在了关于心智的讨论这一语境之中。

26. Kurzweil（2005，p. 383）.

27. Graham（2010）.

28. See Schipp（2016）.

29. Harmon（2015a）.

附录：超人类主义

1. 这一文档在超人类主义组织 Humanity+网站上可以看到。它同样出现在

More and Vita-More（2013）之中，这一文集内容充实，同样包含了其他经典的超人类主义论文。关于超人类主义思想的历史亦可见 Bostrom（2005a）.

2. 见 Bostrom（2003）及 Chislenko et al.（n. d.）.

索引

本索引的页码为原文页码，即本书的边码，斜体页码指向图片

A

B

C

D

F

G

功能性永生 8，135，137

H

J

K

L

M

N

P

Q

R

S

T

W

X

Y

Z

图书在版编目（CIP）数据

人工的你：人工智能与心智的未来/（美）苏珊·施耐德（Susan Schneider）著；方弦译. —长沙：湖南科学技术出版社，2022.4
ISBN 978-7-5710-1484-1

Ⅰ.①人… Ⅱ.①苏… ②方… Ⅲ.①人工智能 Ⅳ.①TP18

中国版本图书馆 CIP 数据核字（2022）第 028584 号

Artificial You：AI and the Future of Your Mind

Published by Princeton University Press

著作权合同登记号 18-2022-033

RENGONG DE NI：RENGONG ZHINENG YU XINZHI DE WEILAI

人工的你：人工智能与心智的未来

著　　者：［美］苏珊·施耐德
译　　者：方　弦
出 版 人：潘晓山
策划编辑：吴　炜
责任编辑：杨　波
营销编辑：周　洋
出版发行：湖南科学技术出版社
社　　址：长沙市开福区芙蓉中路一段 416 号
　　　　　http：//www. hnstp. com
湖南科学技术出版社天猫旗舰店网址：http：//hnkjcbs. tmall. com
印　　刷：湖南省汇昌印务有限公司
厂　　址：长沙市望城区丁字湾街道兴城社区
版　　次：2022 年 4 月第 1 版
印　　次：2022 年 4 月第 1 次印刷
开　　本：880mm×1230mm　1/32
印　　张：6. 5
字　　数：135 千字
书　　号：ISBN 978-7-5710-1484-1
定　　价：48. 00 元